DIANLI JIANSHE GONGCHENG
FANGZAI BIXIAN GONGZUO SHOUCE

电力建设工程
防灾避险工作手册

本书编委会　组编

中国电力出版社
CHINA ELECTRIC POWER PRESS

内 容 提 要

本手册旨在做好电力建设工程应对突发性灾害的防范与处置工作，最大限度地预防和减少突发性灾害对基建工程造成的损失和影响，健全基建工程抵御灾害的安全预警长效机制。

本手册明确了防灾避险的基本原则，梳理了各层级管理职责，全面分析了全国各地区、各季节可能存在的灾害性极端天气和突发灾害，列出了寒潮、暴雪、暴雨、高温、雷电、台风、大风、沙尘暴、森林火灾、洪灾、泥石流、滑坡、地震、烟气中毒、强浓雾、周期性常见疫情共 16 种常见的灾害类别，有针对性地描述了防范措施、避险措施和恢复施工措施。

本手册可供电力建设工程管理人员、施工人员、监理人员学习使用。

图书在版编目（CIP）数据

电力建设工程防灾避险工作手册 /《电力建设工程防灾避险工作手册》编委会组编. —北京：中国电力出版社，2018.11
ISBN 978-7-5198-2576-8

Ⅰ. ①电… Ⅱ. ①电… Ⅲ. ①电力工程–防灾–手册 Ⅳ. ①TM7–62

中国版本图书馆 CIP 数据核字（2018）第 245055 号

出版发行：中国电力出版社
地　　址：北京市东城区北京站西街 19 号（邮政编码 100005）
网　　址：http://www.cepp.sgcc.com.cn
责任编辑：崔素媛（010–63412392）
责任校对：黄　蓓　常燕昆
装帧设计：赵丽媛
责任印制：杨晓东

印　　刷：北京博图彩色印刷有限公司印刷
版　　次：2018 年 11 月第一版
印　　次：2018 年 11 月北京第一次印刷
开　　本：880 毫米×1230 毫米　32 开本
印　　张：5.375　　3 插页
字　　数：161 千字
印　　数：0001—7000 册
定　　价：42.00 元

编　写　组

前　言

　　为推动电力建设工程防灾避险工作的标准化、常态化建设，针对输变电工程不同阶段、不同季节特征，落实重点安全管控措施，完善基建工程抵御灾害的安全预警长效机制，国家电网公司组织行业专家编制，并经广泛征求各方面意见后，最终形成本手册。

　　本手册明确了防灾避险的基本原则，梳理了各层级管理职责，全面分析了全国各地区、各季节可能存在的灾害性极端天气和突发灾害，列出了寒潮、暴雪、暴雨、高温、雷电、台风、大风、沙尘暴、森林火灾、洪灾、泥石流、滑坡、地震、烟气中毒、强浓雾、周期性常见疫情共 16 种常见的灾害类别，有针对性地描述了防范措施、避险措施和恢复施工措施。

　　本手册可作为各参建单位编制输变电工程策划文件时参考用书，便于对照工期计划、季节特征、地区差异，有针对性地落实防灾避险措施，最大限度地预防和减少突发性灾害对基建工程造成的损失和影响，维护国家安全、社会稳定和人民生命财产安全，尽最大可能减少突发性灾害对电力工程建设的破坏。

　　本手册在编制过程中得到了国家电网公司各相关单位的大力支持和各级领导的悉心指导，凝聚了各位参与编写人员的心血，希望本手册对读者有所帮助，给予借鉴和启示。

目　录

附录　灾害性气候影响分布调查表（见文后插页）

第 1 章

电力建设工程防灾避险概述

1.1 防灾避险基础

一、编制目的

为做好电力建设工程应对突发性灾害的防范与处置工作，最大限度地预防和减少突发性灾害对基建工程造成的损失和影响，健全电力建设工程抵御灾害的安全预警长效机制，维护国家安全、社会稳定和人民生命财产安全，尽最大可能减少突发性灾害对电力工程建设的破坏。

二、适用范围

适用于电力建设工程预防和处置因寒潮、暴雪、暴雨、洪灾、高温、雷电、台风、大风、沙尘暴、森林火灾、泥石流、滑坡、地震、烟气中毒、浓雾、周期性常见疫情等突发性灾害引起的人员伤亡或重要设备设施损坏事件。

三、应用安排

通过本手册的编制与应用，完善电力建设工程抵御突发性灾害的安全预警长效机制，既便于各省级公司根据工程不同阶段、不同季节特征，有针对性地落实重点安全管控措施，又有利于推动防灾避险工作的标准化、常态化建设。今后每年各时段、各地区出现灾害性极端天气和突发灾害时，相关各方可以按本手册内容规范执行，不再安排"一事一议"类运动式的工作要求。

1.2　防灾避险基本原则

一、以人为本，减少危害

把保障公司员工和人民群众的生命财产安全作为首要任务，最大限度减少突发性灾害对电网建设的破坏和给人民生命财产、社会经济带来的危害和损失。

二、居安思危，预防为主

贯彻预防为主的思想，树立常备不懈的观念，防患于未然。坚持"防灾""避险"并重，灾害来临前落实"防灾"措施，灾害来临时执行"避险"措施，实现防灾避险工作常态化、流程化。加强宣传和培训教育，做好应对突发性灾害事件的各项准备工作。

三、统一领导，分级负责

落实党中央、国务院的部署，在公司的统一领导下，按照综合协调、分类管理、分级负责的要求，开展突发性灾害事件预防和处置工作。

四、快速响应，协同应对

充分发挥公司集团化优势，建立健全"上下联动、区域协作"快速响应机制，加强与政府的沟通协作，整合内外部应急资源，协同开展突发性灾害事件的预防与处置工作。

1.3　防灾避险工作职责

一、国网基建部管理职责

（1）建立健全自上而下的防灾避险管理体系，完善基建工程抵御灾害长效机制。

（2）统一领导公司基建防灾避险工作，制定防灾避险措施，收集、发布灾害预警信息，研究解决工作中的重大决策和部署。

（3）监督、检查、评价省公司级单位开展防灾避险工作，接收各省公司级单位防灾避险信息报送及处置情况。

（4）协调解决总部层面防灾避险工作的重大事宜。

二、国网安质部、国网特高压部管理职责

（1）国网安质部负责监督工程建设防灾避险工作机制落实情况，发布重大灾害预警信息，掌握灾害预警、防范、应急处置情况。

（2）国网特高压部负责对所辖项目防灾避险检查，开展监督和指导，督促落实公司防灾避险管理要求，对管理项目的防灾避险工作情况进行统计、分析、通报。

三、省公司级单位基建管理部门管理职责

（1）负责管理范围内工程及所属施工企业的防灾避险管理工作。

（2）落实公司防灾避险管理的各项规定与要求。

（3）收集、分析灾害预警信息，响应上级预警信息，及时发布灾害预警通知。

（4）全面掌握管理范围内工程项目可能发生的灾害情况，接受

建设管理单位及工程项目防灾避险的信息报送及处置情况，上报管理范围内的防灾避险工作信息。

（5）监督、检查、评价建设管理单位和所属施工、监理单位防灾避险工作。

四、建设管理单位管理职责

（1）负责管理范围内工程及所属施工企业的防灾避险管理工作。

（2）执行、落实上级单位防灾避险管理的各项规定与要求。

（3）全面掌握建设管理工程可能发生的灾害情况，上报管理范围内的防灾避险工作信息。

（4）指导、监督业主项目部开展防灾避险工作。

（5）监督、检查、评价管理范围内防灾避险工作。

五、业主项目部管理职责

（1）执行、落实上级单位防灾避险管理的各项规定与要求。

（2）牵头组织编制本项目的《应急处置方案》，并明确本工程防灾避险的相关工作要求。

（3）工程开工前，组织建立应急工作组，配备应急人员，明确本工程中可能发生的灾害情况及防范措施。

（4）业主项目部参与施工项目部组织的应急处置演练。

（5）监督检查防灾避险措施落实情况，对施工、监理项目部防灾避险工作进行考核、评价。

六、勘察设计单位管理职责

（1）执行、落实上级单位防灾避险管理的各项规定与要求。

（2）负责将项目周边自然环境（海拔、地质、边坡等）、历史极端气象和灾害纳入设计文件，指导项目预判可能发生的自然灾害。

（3）配合工程项目防灾避险工作，优化设计方案，提出降低可能发生的灾害影响的措施建议。

（4）工程开工前，设计单位组织对业主、施工、监理项目进行防灾避险工作交底，明确本工程中可能发生的灾害情况及防范措施。

七、监理单位管理职责

（1）负责监理范围内工程的防灾避险管理工作。

（2）执行、落实上级单位防灾避险管理的各项规定与要求。

（3）组织本单位防灾避险管理培训，确保监理人员熟悉防灾避险管理要求。

（4）为工程项目配备合格的安全监理工程师，按要求开展防灾避险管理工作。

（5）监督、检查、评价监理项目部防灾避险工作。

八、监理项目部管理职责

（1）执行、落实上级单位和建设管理单位防灾避险的各项规定与要求，具体负责工程项目的防灾避险监管工作。

（2）参加编制本工程的《现场应急处置方案》，并在其中明确本工程防灾避险的相关工作要求；参加施工项目部组织的防灾避险培训及演练，并提出相关审查意见。

（3）实施现场防灾避险监理工作，监督检查防灾避险措施落实情况，发现问题及时提出整改意见，监督整改闭环。

（4）配合业主项目部对施工项目部防灾避险工作进行考核评价。

九、施工单位管理职责

（1）施工企业是输变电工程防灾避险的责任主体，负责将工程项目的防灾避险纳入本单位的统一管理。

（2）执行、落实上级单位防灾避险管理的各项规定与要求。

（3）组织本单位防灾避险管理培训，定期在施工现场组织开展防灾避险演练，确保管理体系有效运转。

（4）全面掌握所承揽项目可能发生的灾害情况，上报管理范围内的防灾避险工作信息。

（5）监督、检查、评价所承揽项目各施工项目部防灾避险管理工作。

十、施工项目部管理职责

（1）执行、落实上级单位和建设管理单位防灾避险管理的各项规定与要求，具体负责工程项目的防灾避险工作。

（2）参加编制本工程的《应急处置方案》，明确本工程防灾避险的相关工作要求，按要求开展防灾避险管理工作。

（3）定期上报工程项目的防灾避险工作信息。

（4）成立应急救援队伍，储备防灾避险物资；在应急处置领导小组的统一领导下，组织防灾避险培训及演练，不少于 1 次/年或者 1 次/工程（工期小于 12 个月）。

（5）负责落实建设管理单位、业主、监理单位提出的防灾避险管理工作要求，对提出问题进行整改反馈。

（6）加强与政府防灾办沟通联系，接受政府防灾办统一指挥。

第 2 章

寒　潮

2.1　寒潮的定义及影响

2.1.1　寒潮的定义

寒潮是初春、秋末、冬季易发的一种灾害性天气，是指来自高纬度地区的寒冷空气，在特定的天气形势下迅速加强并向中低纬度地区侵入，造成沿途地区剧烈降温、大风和雨雪天气。这种冷空气南侵达到一定标准的就称为寒潮。

我国幅员辽阔，南方和北方气候差异很大，因此寒潮的标准也不一样。一般而言，北方采用的寒潮标准是：24 h 降温 10℃以上，或 48 h 降温 12℃以上，同时最低气温低于 4℃；南方采用的寒潮标准是：24 h 降温 8℃以上，或 48 h 降温 10℃以上，同时最低温度低于 5℃。

寒潮的表现形式之一是低温天气。根据气象部门制定的"寒冷程度等级表"，低温天气由轻到重分如下八个等级：八级是"凉"（5～9.9℃），七级是"微寒"（0～4.9℃），六级是"轻寒"（0～4.9℃），五级为"小寒"（-5～-9.9℃），四级为"大寒"（-10～-19.9℃），三级为"严寒"（-20～-29.9℃），二级为"酷寒"（-30～-39.9℃），而形容天气至冷的一级就是"极寒"，温度低至 -40℃ 以下。

寒潮的另一表现形式是冰冻、雨雪灾害。冰冻、雨雪灾害是指因长时间大量降冻雨或降雪造成大范围积雪结冰成灾的自然现象，俗称"冰灾"。根据运行经验，冰灾可分为四个等级：电气设备、导线上出现覆冰后且低于设计覆冰厚度的 30%，为四级；当电气设备、导线出现冰闪跳闸或导线覆冰厚度达到设计覆冰厚度的 30%～60%，为三级；电气设备、导线连续出现冰闪跳闸或线路覆冰厚度达到设计覆冰厚度的 60% 以上，为二级；电气设备、线路覆冰厚度达到设计覆冰，发生掉串、断线甚至倒塔，为一级。

寒潮的预警也对应分为一级、二级、三级和四级，依次用红色、橙色、黄色和蓝色表示，一级为最高级别。具体对应情况见表 2-1。

表 2-1 寒潮的预警颜色对应表

预警级别	预警标识	具体表现	
		低温天气	冰冻、雨雪灾害
四级	蓝色	小寒、轻寒	电气设备、导线上出现覆冰后且低于设计覆冰厚度的 30%
三级	黄色	大寒	电气设备、导线出现冰闪跳闸或导线覆冰厚度达到设计覆冰厚度的 30%～60%
二级	橙色	严寒	电气设备、导线连续出现冰闪跳闸或线路覆冰厚度达到设计覆冰厚度的 60% 以上
一级	红色	酷寒、极寒	电气设备、线路覆冰厚度达到设计覆冰，发生掉串、断线甚至倒塔

2.1.2 影响范围

发生寒潮频次较高的地区是内蒙古中部、新疆北部，其次是黄河以北和长江流域至华南，最少的是青藏高原和西南地区。极寒天气发生频次较高的典型地区有黑龙江、内蒙古、新疆和吉林。此外，辽宁、山西、青海、西藏等地偶尔也会出现极寒天气。而湖南、湖北、江西、安徽等还易发生冰灾天气。

从时间上看，寒潮在每年初春、秋末、冬季发生频次最多，其他季节较少。极寒天气时间主要分布在 12 月至次年 2 月。而每年的 3～4 月、11～12 月也是冰冻雨雪灾害发生最多的月份。

2.1.3　主要灾害影响

寒潮灾害影响主要包括因气温骤降形成的低温、雨雪、冰冻所产生的灾害。北方主要表现为大风、降温、霜冻、暴雪、雨凇等恶劣天气；南方主要表现为降温、冻雨、冰灾等。寒潮极易造成的人员伤亡及财产损失，主要体现在以下方面：

（1）人员伤害：寒潮过程中因大风、大雪、冰冻造成房屋倒塌、设施破坏等可能造成较大规模人员伤亡事件。寒潮发生时一般伴随着长时间的低温降雪天气，在进行户外作业时，持续的低温易造成人员冻伤。在建工程设备、高处施工设施较多，高处形成冰晶可能性大，高处的冰晶达到一定自重后容易发生跌落。此外有支架的设备安装时，如果设备底座覆冰，设备容易发生滑动进而跌落伤人。

（2）设备、设施受损：寒潮发生时急剧降温可能导致设备损坏，保管措施不到位，也可能导致设备受潮、倾倒，造成损伤。线路严重覆冰时，易造成倒塔断线，致使线路下方房屋等主要设施受损，铁路和公路交通、电力和通信线路中断。冰冻过程中，如果混凝土养护、保温措施不到位，混凝土内部水分结晶，造成混凝土结构损坏。冰层或积雪厚度达到一定程度后极易造成房屋（特别是板房）、脚手架及其他临时施工设施结构损坏，进而倒塌。施工机具、设备多是使用水冷式燃油发动机，一旦气温过低，很容易造成机械设备受损，甚至难以维修，造成较大经济损失。

（3）交通、通信中断：寒潮引发的路面结冰对人员、车辆的出行带来极大的安全隐患。特别是在南方几个省份没有规定的冬歇期，发生冰冻时，应对反应不及时，容易造成人员摔伤、车辆打滑侧翻等事故，甚至造成交通中断。

2.2　防范措施

2.2.1　通用要求

（1）提高设计标准。在可能发生寒潮的地区，结合运行经验和气象水文资料，设计规划部门要从源头上规避寒潮影响，对易受灾地区项目采取优化布局和差异化规划设计。在项目选址阶段，优选不易被寒潮侵袭的方案。在初步设计阶段，应提高站内构建筑物抗冻等级，提高设备的抗冻等级；土建施工阶段受寒潮影响较大，建议采用预制混凝土基础或构件，以规避和减少寒潮对在建工程实体质量和施工工期的影响；在普遍提高冰冻多发地区电网规划设计标准的基础上，电力线路要增加杆塔和导线的承载能力，减小微地形、微气象引起线路覆冰加重和不平衡张力增大的影响，防止发生倒塔、断线事故；变电站设防标准也可提高 1～2 级。

（2）关注天气变化。项目建设管理单位在寒潮多发期，积极联络属地气象部门，密切注意寒潮预警预报，及时发布预警通知，根据气象变化周密制定施工计划，加强对在建工程设施设备的巡查，寒潮期间必要时安排值守。采取措施控制和降低初显灾情，重大灾情必须及时汇报。预报寒潮持续时间较长的情况下应组织施工作业人员撤离并妥善安排值守工作。

（3）严禁盲目赶工。当出现寒潮灾害威胁时，应立即安排停工，非应急抢修的重要用户工程严禁开展作业。清点材料站、设备存放区的有关物品数量，做好统计。

（4）加强人员防护。为作业人员配发防止冻伤、滑跌、雪盲及有害气体中毒等个人防护用品或采取相应措施，防寒服装等颜色宜醒目。安装人员必须佩戴防寒、防滑手套，穿工作靴，手与金属设备外壳接触时要缓慢，防止被粘住。

（5）做好应急准备。在寒潮来临之前应立即启动现场应急处置方案。对于偏远山区施工的施工人员，在寒潮来临之前，应及时撤离，防止大雪、冻雨封山、封路。在施工现场受到冰冻威胁时，应立即安排停工，迅速组织人员撤离。停工撤离时，应及时掌握人员动态信息，做好现场人员去向登记，加强冰灾的宣传，安定人心。

（6）防范交通事故。寒潮预警期间车辆出行要提前规划行车路线，规避悬崖边缘、盘山路等冰层厚、坡度大、路面狭窄的风险路段。运输车辆配备雪地胎及防滑链，确保冰雪天行车安全。

（7）保证物资储备。按定额配齐除冰抢修工（机、器）具、备品备件及专项物资，加强日常维护。户内必须配备取暖设备，室内取暖设备严禁使用煤火，防止煤气中毒。

（8）确保信息畅通。应确保应急通信网络运转正常，通信设备电量充足，应急状态下信息畅通。加强应急值班和信息报告，各项目负责人和值班人员保持 24 小时通信畅通。

（9）加强设施维护。寒潮期间项目部应加强对房屋等临建设施的检查，加固各类设施的薄弱环节，并观察各类设施的覆冰、积雪厚度，确保不超过承载力要求。派专人巡视高处冰晶的形成情况，并及时进行处理。

（10）强化质量控制。对正在施工的混凝土基础应采用蓄热法等适当措施保证入模温度不应低于 5℃。对还在养护周期内的混凝土基础应采取搭设暖棚、保温棉覆盖等措施，防止混凝土结构损伤。

（11）做好机械保养。应对所有机械设备做全面的维修和保养，做好用油的管理工作，检查全部技术状况，换用适合本地区温度等级的防冻液、燃油、液压油、润滑油。

机动车辆、施工机械水箱加设保温套，对停用、待修、在修的机械设备，放尽各部位存水，并挂上"放水"标志。使用柴油的机械车辆应根据气温的高低逐步使用 −10～−35 号的柴油，所有在用机械变速箱一律更换冬季润滑油，确保机械设备换季的正常运行。

夜间将机械设备集中停放在保温棚内，并加盖草帘或篷布，保证机械正常使用。油箱或容器内的油料冻结时，应采用热水或蒸汽化冻，严禁用火烤化。

（12）加强对施工人员的防灾避险教育，开展紧急抢修及救援演练，增加施工人员的防灾避险意识，防止因人为因素带来的二次损失。密切关注当地气象预报，防止次生灾害发生。

（13）如果冰冻时间较短、程度较低，应当提前备好足够的食物、施工材料，如果冰冻时间较长、程度较高，应及时组织施工人员做好撤离准备。

2.2.2　变电站施工主要防范措施

一、土建施工阶段

（1）在寒潮多发月份应尽量减少在冰冻期间的施工作业，特别是混凝土浇筑施工及高空作业。

（2）在基坑开挖施工过程中，应根据土质情况制定边坡防护措施，施工中和化冻后要检查边坡是否稳定，出现裂缝、土质疏松或护坡桩变形等情况要及时采取措施。对已被冰层覆盖的土层严禁开挖，对已开挖完成的基坑及时采取保温防冻措施，防止基坑底部受冻，对未回填完成的基础应该尽快回填，对未完成施工的基坑应加强围护，防止人员滑落。

（3）施工通道、楼梯等必须指派专人定期进行除冰，保证人员出入路径上不被冰层覆盖。现场道路及脚手架、跳板和走道等，应及时清除积水、积霜、积雪并采取防滑措施。及时清理屋面（包括临建房屋）积雪，防止积雪荷载过大压垮现场临建设施。对已搭设的脚手架、塔吊及物料提升机应进行全面检查及加固处理。

（4）减少高处作业，需悬挂安全绳进行的高空作业应该立即停止。对已搭设的脚手架应该全面检查：基础是否稳固，垫木是否有松动，施工通道是否有覆冰现象，通道上方是否有冰晶。对临空作业面的围护应进行加固，悬挂醒目标识。

（5）现场使用的吊车等大型机械设备应移动至相对平坦位置并恢复原位，车轮或履带两侧应使用木块、石块挤牢或采取其他防止移动措施。

（6）露天堆放的各种材料应设置整齐、稳妥，堆放高度不宜过高，且应加固处理；小型机械设备、易转移材料应移至仓库存放；对不易入库的应进行整理、固定、覆盖，做好防冻、防风等措施。

二、电气安装阶段

（1）应在灾害发生前清除现场拆除的包装箱、拆除临时电源线。

（2）对存放在站内的电气设备必须全部覆盖，保持设备表面干燥，防止设备表面结冰及倾倒。

（3）严禁人员悬系安全带后爬上设备表面进行安装工作，如确有必要，在冰冻时期必须采用升降车或脚手架。

（4）如遇电气设备表面结冰，不能直接敲除冰块，应该搭设暖棚化冰，或用高温蒸汽化冰，防止设备表面漆脱落。

（5）所有起重设备、吊带使用前均应认真检查是否覆冰、是否打滑，设备安装底座上的冰也应当去除干净，防止起吊和安装过程中发生设备跌落事件。

（6）站内电缆敷设时应先将电缆沟内、电缆支架上的冰块去除后再进行，防止人员跌入电缆沟造成严重伤害。电缆敷设前应先进行预热，敷设时间应选在中午环境温度较高时进行。

（7）变电站室外端子箱、机构箱进行通风除潮除湿，防止因凝结水引起交直流系统接地故障，积极应对寒潮来袭对设备带来的风险，以保障设备安全稳定运行。

（8）SF_6 气体注入时，不得采取明火加热，可使用热水或电加热装置。变压器热油循环应采用电加热、棉被覆盖等保温措施。

2.2.3　架空线路施工主要防范措施

一、基础施工

（1）全面检查已开挖基坑，设置硬质安全围栏和警示标识，确保基坑周边场地平整，防止地面结冰后人员摔倒或跌落基坑。生活及施工现场附近的坡道要有可靠的防滑措施。

（2）基础采用暖棚法养护时，应采取防止一氧化碳中毒的措施，夜间必须设两人以上值班人员，加强夜间巡视，严防火灾事故发生。

二、组塔施工

（1）寒潮天气，应尽量避免高空作业。如确实必须进行的，登塔时应采取除冰措施，并使用攀登自锁器、安全带等安全防护装置。

（2）发生寒潮大风等恶劣天气时，严禁露天高空作业。

（3）检查并加固已组立的抱杆内外拉线及螺栓，视情况进行加固，有必要时应将抱杆高度降低或放至地面；检查绞磨布设是否牢固，应将所有绳索拉至塔身进行可靠锚固，防止被大风刮向带电线路。塔材起吊前，应先除冰，并降低起吊重量；同时，应加强各类拉线锚桩的检查，保证受力安全。处于山地或斜坡部位的组塔现场还应重点检查地面塔材的固定措施，防止出现塔材滑落。

三、架线施工

（1）架线现场防范要求。对已开展但未完成的放线施工现场应检查导线锚固情况，现场导线轴应有防止滚动的措施。设置专人监测冰情，主要监测导地线和铁塔表面的覆冰的厚度，重点监控直线塔状态，大部分倒塔事故发生在直线塔。对于重要交叉跨越，应派人重点监测，保证安全距离，如有必要时采取应急措施。冰灾时应停止架线施工，并做好导地线的双保险锚固措施。当覆冰厚度大于设计值时，应及时组织人员进行除冰。

（2）已完跨越架及"三跨"部位防范要求。检查所有的线路施工跨越架，针对性采取加固措施。对 35kV 及以上的带电跨越架、高速公路跨越架或高度超过 15m 的跨越架，检查所有的拉线钢丝绳及导地线的锚线点，重点是地锚设置，防止出现跑线。有条件的应拆除，防止跨越架倒塌对被跨越的电力线路或高速公路造成影响；对尚在搭设中的跨越架应暂停搭设工作，做好相应的拉线，并加强巡视，确保跨越处安全。

（3）交通运输安全管理要求。加强线路施工过程中交通运输安全管理，在寒潮大雪等恶劣天气，应对施工现场运输路线进行勘测，对道路上的树枝、石块等杂物进行清理，做好沿线防滑、防侧翻的有关措施，确保运输车辆和人员安全。

（4）材料站防范要求。绝缘子、塔材、金具等应采取遮盖措施，有条件的尽可能将小件材料转移至室内，防止覆冰后不利于运输或安装。

2.2.4 电缆线路施工主要防范措施

（1）应避免在寒潮大风天气进行电缆线路施工，尤其是穿越道路、铁路段的电缆线路施工作业，寒潮天气禁止进行高压电缆头制作施工。

（2）正在开挖施工的电缆沟、隧道需要封闭和支撑，防止融冰后塌陷，做好防止雨水冰雪倒灌。

（3）正在进行电缆敷设的施工作业，应对已敷设完成的部分进行固定，做好已敷设电缆线路的保温防护工作，未敷设电缆应入库存储，敷设中的电缆及余缆盘应采取加固及防护措施。寒潮持续时，正在施工的电缆隧道应及时撤出所有材料及设备，切断供电电源，封闭隧道出入口。

（4）电缆井、电缆沟开挖部分应采用钢板封盖，并做好明显标识；防止造成人员、车辆坠落。

（5）已上塔的电缆应采用增加电缆抱箍的方式做好固定工作，干式电缆终端应采用刚性材料临时固定。电缆附件应并做好密封处理。

（6）冰雪、冻雨天气过后的融冰过程中，进行电缆敷设，电缆附件安装等工作前，必须对电缆密封端、电缆附件等进行细致检查，确认没有受到冰冻伤害、确认没有进水才可以进行后续的施工。

2.3　避险措施

（1）应避免在大风、大雪频发时段开展重要跨越防护设施搭设、大型起重作业、架线施工、高空作业等危险性较大的作业项目。

（2）各级基建管理人员应在确保安全的情况下，及时到岗到位，实施 24h 值班，受交通条件限制无法现场值班的应执行电话值班，同时用微信等手段掌控现场情况。

（3）冰冻发生期间要及时与材料、设备供应商沟通，杜绝冒险运输材料设备。已经在路上的材料，应当及时组织施工人员对材料堆放场地及运输路径进行除冰作业。

（4）人员撤离前，所有未完成安装机械设备应做好覆盖工作及防止倾倒的措施，设备底部必须用枕木垫高 10cm 以上。

（5）当必须撤离现场施工人员时，为减少财产损失过大，应对各种临锚进行加固，对设备、工器具进行加固保护和覆盖保暖。为避免人身伤害，应组织所有施工人员必须乘坐项目部统一安排的正规营运车辆进行提前撤离，不得私自随意撤离，撤离人员需逐个登记。

（6）冰灾过程中，对每个基建工地设置专人巡查看护，保证发生意外后可以第一时间进行处理。看护人员处于安全位置和安全距离下进行看护，防止冰晶坠落伤人。

2.4　恢复施工措施

（1）在确保安全的前提下，每日动态汇总在建工程受灾灾情，及时做好信息统计报送工作。

（2）灾害过后，恢复被破坏的设施、清理现场等工作时，要充分辨识恢复过程中存在的危险，在确保安全的前提下，应在第一时间掌握在建工程受灾灾情，及时做好信息报送工作。

（3）根据灾情和现场查勘情况制订抢修恢复计划，包括组织措施、技术措施、安全措施，明确组织机构，落实责任人员，强化抢修物资调配管理。

（4）根据灾情严重程度，必要时向上级部门提出外部支援请求，负责现场工作安排与协调管理，做好工程抢修的后勤保障工作。

（5）加强复工工作的安全管理和监督，落实到岗到位工作要求，认真执行作业前安全技术交底工作要求，严格施工作业票制度执行，加强作业现场安全监护，必要时增设专职监护人。作业前各类拉线、受力锚桩、工机具必须重新检查，合格后方可继续使用。

（6）现场巡查和抢修人员应及时上报灾损和抢修进展情况，相应部门及时统计灾害损失，会同相关部门核实、汇总受损情况，按保险公司相关保险条款理赔，留存照片或视频作为受灾的佐证。

第3章

暴　　雪

3.1　暴雪的定义及影响

3.1.1　暴雪定义

暴雪指自然天气现象的一种降雪过程，衡量指标为降雪量，这在气象上与降雨量的标准截然不同。雪量是根据气象观测者，用一定标准的容器，将收集到的雪融化后测量出的量度。气象上对于雪量有严格的规范。如同降雨量一样，是指一定时间内所降的雪量，有 24h 和 12h 的不同标准。在天气预报中通常是预报白天或夜间的天气，这主要是指 24h 的降雪量，暴雪是指日降雪量（融化成水）≥10mm。

降雪量，实际上是雪融化成水的降水量。发生降雪时，须将雨量器的承雨器换成承雪口，取走储水器（直接用雨量器外筒接收降雪）。观测时将接收的固体降水取回室内，待融化后量取，或用称重法测量。当气象站四周视野地面被雪覆盖超过一半时要观测雪深，观测地段一般选择在观测场附近平坦、开阔的地方，或较有代表性的、比较平坦的雪面。测量取间隔 10m 以上的 3 个测点求取平均；积雪深度以 cm 为单位。在规定的观测日当雪深达到或超过 5cm

时需要测定雪压。雪压以 g/cm² 为单位。

暴雪：降雪强度较大的雪（下雪时水平能见度距离小于 500m 或 24h 内降雪量大于 15mm）。

大暴雪：24h 降雪量 20～29.9mm 的为大暴雪。

特大暴雪：24h 降雪量大于等于 30mm 的为特大暴雪。

3.1.2 影响范围

暴雪从发生后时间看，主要在冬季，从地区看以我国北方和西北较多，是冷风过境带来的天气现象。当冷空气从高纬度流向低纬度时，低纬度的暖空气被迫抬升，温度降低并且在 0℃以下，水汽形成固态的雪，降落到地面，因时常伴随着大风，也叫暴风雪。

暴雪天气影响地理区域：新疆北部、东北大部、华北西部和北部以及青藏高原东部，降雪集中于 11 月至次年 4 月，上述地区的暴雪天气次数频繁、降雪持续时间相对较长。江西东北部、浙江中部、江苏南部、安徽中部和河南南部是大到暴雪的高发区，也是我国一个主要的积雪深度带，其特点是降雪持续时间较短、短时降雪量大，发生时间段为 1～3 月。从历史数据分析，全国范围内每年的 1 月下旬至 2 月下旬是暴雪发生几率最高的时间段。

综上，在国家电网公司管辖的省份中，上海、江西、浙江、江苏、安徽和河南是防灾的主要省份，黑龙江、吉林、辽宁、蒙东、山西、新疆、青海、西藏等省份也有一定数量的灾害记录。

3.1.3 主要灾害影响

电力设施及基建施工现场，分布范围广，周边地理环境复杂，极易受到暴雪、冰冻灾害的破坏。一旦遭受灾害将可能产生严重后果：一是变电站、材料站及设备存放区、线路杆塔被积雪覆盖，冰冻灾害造成输电线路导线大面积结冰致使线路断线，易造成电网大范围停电；二是造成现场工作人员冻伤、高处滑落摔伤；三是交通及材料转运困难，灾后的抢修恢复困难重重，从而导致电力、交通、通信瘫痪。

对基建在建工程的危害性主要有以下方面：

（1）低温冻害。暴雪后的一周内将出现急剧降温，低温能导致部分机械参与的作业无法进行，绳索类承力设施性能下降、路面积雪过厚致交通中断。低温将严重影响冬期施工工程的混凝土施工质量、设备安装质量，同时极易出现人员冻伤情况。

（2）强风灾害。暴雪发生时往往伴有大风，出现暴风雪天气，通常是偏北大风，风力通常为 5～6 级，当冷空气强盛或地面低压强烈发展时，风力可达 7～8 级，瞬时风力会更大。部分暴雪过程中会出现"风吹雪"灾害，严重时能见度不足 5m，交通将全部瘫痪。此类天气容易造成输电线路工程倒塔、断线，变电工程支柱绝缘子或套管损坏。另外，可能大风刮起的漂浮物散落在运行线路或设备上导致电网事件发生。

（3）雪崩灾害。雪崩是一种所有雪山都会有的地表冰雪迁移过程，它们不停地从山体高处借重力作用顺山坡向山下崩塌，崩塌时速度可以达 20～30m/s，体积可以是几百立方、几千立方，甚至更多。雪崩由于从高处以很大的势能向下运动，有极快的速度甚至会形成一层气垫层，历史上新疆、甘肃、西藏都曾出现雪崩灾害。在风力比较充沛的山区，风也能使积雪发生雪崩。在山脊背风的地方，雪能够将积雪吹成悬空形成雪檐。一旦雪檐的自身重量超过雪檐的抗断强度，雪檐便自行崩塌，从而引起下面山坡上雪的塌落。雪崩具有突然性、运动速度快、破坏力大等特点，它能摧毁大片森林，掩埋房舍、交通线路、通信设施和车辆，甚至能堵截河流，发生临时性的涨水。凡是山区较多且山势陡峭的省份都存在雪崩的危险。一旦发生雪崩，电力设施将全部瘫痪，后果不堪想象。

（4）洪涝灾害。华东、华北地区普遍气温偏高，暴雪将随着温度升高而逐渐融化，大量融化的雪水将迅速汇集为洪水，冲毁沿途的铁塔，形成倒塔、断线，甚至可能导致地势低洼的变电站进水，从而导致电力中断、在建电力设施严重损坏。

（5）其他灾害。如暴雪导致临建、生活区被掩埋，造成人员伤亡。积雪融化引发泥石流及山体滑坡等。另外，暴雪将导致交通瘫痪，对应急抢修和电力恢复造成了极大困难。

3.2　防范措施

3.2.1　通用要求

（1）优化设计选址选线。结合运行经验和气象水文资料，设计规划部门要对易受灾地区项目采取优化布局和差异化规划设计，变电站站址应避开河流、山脚，线路工程应避开积雪带、风口，同时应提高导线、铁塔覆冰厚度设计标准。

（2）在暴雪来临前，要减少户外施工，特别是尽可能减少车辆外出，同时，要做好防寒保暖准备，储备足够的食物和水。要及时收听相关信息，适时取消或调整施工计划。

（3）各项目部要加强对现场的巡查力度，及时发现处理隐患。

（4）车辆外出时，应采取必要的防滑措施，给车辆安装防滑链。暴雪期间原则上不许出车。

（5）暴雪来临前，对一些临时搭建物及时采取加固防护措施，这样可以避免建筑物被雪压塌造成人员伤亡。

（6）严禁以工期紧为由冒险赶工，及时启动现场应急处置方案，加强防灾宣传，安定人心。

（7）灾害发生前要准备除雪、融雪的机具及材料，对关键路线或关键部位开展除雪准备。

（8）灾害过后，恢复被破坏的设施、材料，清理现场工作时，要充分辨识恢复过程中存在的危险，当安全隐患彻底清除后，方可恢复正常工作状态，尤其要重点检查高处作业、高边坡地点的作业以及三跨作业的安全措施落实。

3.2.2　变电站施工主要防范措施

（1）未施工完成的基坑、电缆沟等应采取临时覆盖措施，防止雨雪进入。

（2）清除站内站外道路，为雪后清理及抢修做好准备。

（3）露天堆放的各种材料以及未安装的主变压器、GIS 等重要设备应采取临时遮盖措施。导线轴、气瓶、圆形储物桶等堆放高度不宜过高且应采取防止滚动的措施。小型机械设备、材料应移至仓库存放。

（4）拆除临时施工电源线，检查电源箱接头部分，对外露部分进行绝缘包扎处理。

（5）现场使用的吊车等大型机械设备应移动至相对平坦位置

并恢复原位，车轮或履带两侧应使用木块、石块挤牢或采取其他防止滑动措施。

（6）现场应做好防寒取暖应急物资储备，检查作业人员防冻、防寒劳动保护用品的配备情况等。华中地区、华东地区还应准备排水泵、临时电源、应急照明设备、除雪机具等，便于灾后恢复及抢修。

（7）防止煤气中毒。冬期施工基础养护现场、生活区室内取暖应设置 CO 浓度监测仪，做好室内通风，夜间宜安排人员值班，防止中毒情况发生。

3.2.3　架空线路施工主要防范措施

（1）正在基础施工现场防范要求。全面检查已开挖基坑，确保基坑周边场地平整，基坑顶部采用木方或钢管搭设临时遮盖措施并设置位置标识，清理基坑附近的道路。

（2）正在组塔施工现场防范要求。检查并加固已组立的抱杆内外拉线及螺栓；检查绞磨布设是否牢固，应将所有绳索拉至塔身进行可靠锚固，防止被大风刮向带电线路。处于山地或斜坡部位的组塔现场还应重点检查地面塔材的固定措施，防止出现塔材滑落。

（3）已完跨越架防范要求。检查所有的线路施工跨越架，针对性采取对应的加固措施。对 35kV 及以上的带电跨越架、高速公路跨越架或高度超过 15m 的跨越架，对尚在搭设中的跨越架应暂停搭设工作，并检查所有拉线紧固情况，有条件的应拆除跨越架。

（4）三跨部位防范要求。检查所有的钢丝绳及导地线的锚线点，重点是地锚设置、跨越高铁、高速公路及电力线锚线点的加固，防止出现跑线。

（5）正在架线施工现场防范要求。已开展但未完成的放线施工现场应检查导线锚固情况，现场导线轴应有防止滚动的措施。

（6）材料站防范要求。绝缘子、塔材、金具等应采取遮盖措施，有条件的尽可能将小件材料转移至室内。

（7）生活驻地防范要求。重点检查项目部宿舍、食堂的临建，必要时采取加固处理。出现暴雪天气前还应重点检查人员防寒取暖的安全要求落实情况，防止出现冻伤的同时还要重点防控电取暖火患、火炉取暖的人员中毒等。预警级别较高的情况下应组织施工作业人员撤离并妥善安排值守工作。

3.2.4 电缆线路施工主要防范措施

（1）正在施工的电缆井、电缆沟，开挖部分应采用钢板封盖，不能有外露孔洞。

（2）正在施工的电缆隧道应封闭隧道出入口，检查隧道内通风设施。

（3）正在进行电缆敷设的施工作业，应对已敷设完成的部分进行固定，电缆两端应做好密封处理，并在地面上设置明显的标识。

（4）已上塔的电缆应采用增加电缆抱箍的方式做好固定工作，干式电缆终端应采用刚性材料临时固定。电缆附件应并做好密封处理。

（5）拆除施工现场的临时电源线，检查照明线路，为暴雪后的应急处置和现场恢复做好准备工作。

（6）暴雪到来以前至应急抢修恢复结束期间，始终保持与高速公路、高铁管理部门联络，确保信息畅通，为灾害的应急抢修或现场恢复做好协调工作。

3.3　避险措施

（1）各级基建管理人员应在确保安全的情况下，及时到岗到位，实施 24h 值班，受交通条件限制无法现场值班的应执行电话值班，每日动态汇总当日各个工程现场受灾情况，并根据重要程度制定抢修计划。

（2）检查落实抢险物资及抢险车辆安排工作，各类抢险队伍处于待命状态，能在 24h 内调用。

（3）密切关注当地气象预报，防止次生灾害发生。

3.4　恢复施工措施

（1）在本单位应急抢修领导小组领导下，尽快审定应急抢修工作方案和具体施工安全方案，明确细化其中的安全措施、技术措施和组织措施。

（2）收集受灾设备、材料原件并逐一做好标识并登记，为后续灾情或事故分析提供一手资料。

（3）协调工程参建单位和省内骨干队伍，做好协调工作，确保人员、抢修物资第一时间到位。

（4）根据灾情严重程度，必要时向上级部门提出外部支援请求，负责现场工作安排与协调管理，做好工程抢险的后勤保障工作。

（5）抢修期间的作业要严格落实电网建设安规及通用制度的安全要求，不得因抢进度而降低安全标准。

（6）相应部门及时统计灾害损失，会同相关部门（安监、财务）核实、汇总受损情况，按保险公司相关保险条款理赔，留存照片或视频作为受灾的佐证。

第4章

暴雨（包括圩区内涝）

4.1 暴雨的定义及影响

4.1.1 暴雨的定义

暴雨是指降水强度很大的雨，常在积雨云中形成。中国气象上规定，每小时降雨量 16mm 以上，或连续 12h 降雨量 30mm 以上，或 24h 降水量为 50mm 以上的雨称为暴雨。按降水强度大小分为暴雨、大暴雨及特大暴雨三级。

暴雨：24h 降水量为 50～99.9mm；

大暴雨：24h 降水量为 100～249.9mm；

特大暴雨：24h 降水量大于或等于 250mm。

按照发生和影响范围的大小将暴雨划分为局地暴雨、区域性暴雨、大范围暴雨、特大范围暴雨。

4.1.2 影响范围

局地暴雨历时仅几个小时或几十个小时左右，一般会影响几十至几千平方千米，造成的危害较轻。但当降雨强度极大时，也可造成严重的人员伤亡和财产损失。

特大范围暴雨历时最长，一般都是多个地区内连续多次暴雨组合，降雨可断断续续地持续 1～3 个月，雨带长时期维持。特大范围暴雨是一种灾害性天气，往往造成洪涝灾害和严重的水土流失，导致工程失事、堤防溃决和财产被淹等重大的经济损失，特别是对于一些地势低洼、地形闭塞的地区，雨水不能迅速宣泄造成土壤水分过度饱和，给工程建设造成更大的灾害，甚至造成人员伤亡等重大损失。

中国是多暴雨的国家，除西北个别省、区外，几乎都有暴雨出现。我国属于季风气候，从晚春到盛夏，北方冷空气且战且退。冷暖空气频繁交汇，形成一场场暴雨。我国大陆上主要雨带位置也随季节由南向北推移。4～6 月间，华南地区暴雨频频发生。6～7 月间，长江中下游常有持续性暴雨出现，历时长、面积广、暴雨量也大。7～8 月是北方各省的主要暴雨季节，暴雨强度很大。8～10 月雨带又逐渐南撤。夏秋之后，东海和南海台风暴雨十分活跃，台风暴雨的点雨量往往很大。公司系统经常遭遇暴雨影响的主要为福建、浙江、上海、江苏、山东、辽宁等沿海省市，以及北京、天津、江西、安徽、湖南、湖北等部分内陆省份。

暴雨来临之前，气象部门会向社会发布预警信号，按照由弱到强的顺序，暴雨预警信号分为四级，分别以蓝色、黄色、橙色、红色表示。暴雨蓝色预警信号：12h 内降雨量将达 50mm 以上，或者已达 50mm 以上且降雨可能持续。暴雨黄色预警信号：6h 内降雨量将达 50mm 以上，或者已达 50mm 以上且降雨可能持续。暴雨橙色预警信号：3h 内降雨量将达 50mm 以上，或者已达 50mm 以上且降雨可能持续。暴雨红色预警信号：3h 内降雨量将达 100mm 以上，或者已达 100mm 以上且降雨可能持续。

4.1.3　主要灾害影响

暴雨灾害影响主要包括暴雨过程中形成的洪水、泥石流、滑坡、塌方等灾害可能对在建工程造成的人员伤亡及财产损失。暴雨对在建工程的危害性主要有以下方面：

（1）流域洪涝。我国地形的特点为东南低、西北高，地面坡度大，部分地区植被条件差，造成汇流快，洪水量级大。我国几条主要河流面积较大，当遭遇流域大范围的暴雨时，易导致干支流洪水，洪峰叠加，形成峰高量大的暴雨洪水，易造成工程构造物、堆置物、土石方、深基坑（槽）、活动板房等倒塌，以及道路冲毁、施工场地水淹没等损失。

（2）城市内涝。夏季，我国大多数的暴雨具有突发性强、强度大、范围集中等特点，而当短时间内的降水量超过城市排水能力就易导致城市内涝，城市内涝对工程建设的影响与区域洪涝基本相同。

（3）触电隐患。在建工程或投运工程电源电气及机械设备，因遭受暴雨冲刷及洪水长时间浸泡，设备内部线路或零件受潮湿，易引发触电事故。

（4）电网受损。已运行电网线路及变电（换流）站，因遭受暴雨冲刷及汇流雨水夹杂物连续冲击，致基础破损乃至建构筑物倾覆、垮塌，造成电网受损。

（5）设备损坏。在建工程设备因遭受暴雨冲刷及洪水浸泡，降低设备绝缘性能，导致设备损坏。

（6）次生灾害。受到暴雨带来洪水的长时间冲刷、浸泡，易出现泥石流、洪涝、山体滑坡等次生灾害，造成在建工地房屋、铁塔基础坍塌，甚至引发人身伤亡事故。

（7）疾病流行。暴雨带来的洪水造成污水横流，细菌、病毒等病原体扩散，饮用水源污染，食品易发霉变质，蚊蝇大量滋生繁殖等，引发肠道传染病、血吸虫病及红眼病等流行。

4.2　防范措施

4.2.1　通用要求

（1）预警防范措施。

暴雨蓝色预警防范措施：项目部检查驻地安全，必要时将人员转移到安全地点；少使用或不使用电器设备，必要时切断电源；低洼地区工程项目部疏导人员安全、有序撤离；暂停户外变电、线路及电缆施工作业，人员、车辆远离危险设施，避开低洼路段；注意接收后续天气预报、预警信号。

暴雨黄色预警防范措施：按照暴雨蓝色预警做好防范措施；低洼工程项目应备好预防暴雨所需物资，做好挡水、排水工作。人员、车辆注意观察地方交通主管部门防汛安全警示标志和警示显示屏提示。

暴雨橙色预警防范措施：按照暴雨黄色预警做好防范措施；项目部人员尽量避免外出。

暴雨红色预警防范措施：按照暴雨橙色预警做好防范措施；严禁项目部人员外出；人员、车辆、设备、重要物资、材料应立即就近转移到安全场所避险；低洼危险地带的工程项目人员、车辆、设备、重要物资、材料应立即转移到安全地方。

（2）前期策划保障。工程开工前期，设计规划部门要从源头上规避灾害性暴雨影响，采取优化布局和差异化规划设计。在项目选址、选线及塔基定位阶段，应综合考虑地形地貌、水文气象等，尽量避免出现在易发生积水、内涝、泥石流、山体滑坡、垮塌的陡坡、山脚、低洼、圩区、水网地带等地点，优选不易被暴雨侵袭的方案。在初步设计阶段，通过优化场地设计标高，加强地下建构筑物防渗排水能力，加强构筑物防冲击能力，加大边坡保护范围、增强基础稳定性，提高门窗防雨抗风压性能等，增强工程整体防洪、排涝的能力。在暴雨、洪涝多发地区电网规划设计标准的基础上，确定一批抵御严重灾害能力更强的重要线路，设防标准比普通线路提高1～2级。在设计电缆管沟及隧道时，充分考虑电缆防水、通风等问题，如在工井内设置集水井，隧道内设置通风井，并考虑集水坡度，降低电缆受淹的风险。

（3）办公、生活、临时驻地等场所选择时，要避免在低洼地带、山体滑坡威胁区域和受河道出槽洪水顶冲的地方，不要人为侵占洞道自然行洪断面。应选择地势较高、坡度平缓不易引发内涝、滑坡等次生灾害地区。每年夏初要对周围进行检查，对应急情况下的撤离方向和地点进行摸排，必要时还要安排人值守。工器具、材料堆放选择，不得堆放在土质松散、坡度大的地域边缘，如因场地限制无法满足时应采取必要的夯实、加固措施，防止暴雨引起滑坡造成二次伤害。

（4）成立以工程项目安全生产第一责任人为组长的领导小组，

落实业主、设计、监理、施工等参建单位的责任。

（5）在建工程结合工程实际编制雨季施工方案，针对工程项目因暴雨带来的安全风险进行分析评估，根据暴雨不同预警等级制定防范措施，明确暴雨季节施工的要求。

（6）建立暴雨预警信息管理及联络机制。在建设工程项目设立暴雨天气预警信息管理员，提前收集暴雨预警相关信息，并与气象监测部门建立联络机制，通过合理途径及时将预警信息发布，提醒工程人员做好防暴雨应急措施。

（7）暴雨预警期间，安排专人负责夜间轮流值班并时刻关注天气变化情况及天气预报，防止天气骤变突发特大暴雨情况，一旦发生异常情况，值班人员第一时间通知工程项目负责人，做好随时撤离准备。

（8）密切关注当地天气预报，熟悉周围环境，在暴雨来临前，应将大型机械设备和重要施工机具等要集中放置妥当。在暴雨预警发布后，要立即开展全面隐患排查，重点排查人员驻地、材料、工器具、机械设备等是否处于地势高、地质条件好的地带，或处于不易被洪水冲刷、浸泡区域。排查临时设施或永久设备，防止电源设施、电源线被暴雨冲刷，造成设备短路、绝缘强度降低，甚至引发触电人身事故。

（9）做好暴雨前临时电源设施、物资材料、工器具及机械设备等防水隔离及覆盖措施。应对建筑物、施工机械、跨越架等的避雷装置进行全面检查，并进行接地电阻测定。现场人员应留在无安全隐患的建筑物内并关好门窗。铁塔、构架、避雷针、避雷线一经安装完毕后应及时接地。机电设备及配电系统应按有关规定进行绝缘检查和接地电阻测定。暴雨发生期间，人员涉水时，要采取防护措施，防止血吸虫等侵入人体。

（10）按定额配齐防暴雨排水泵、抢修工器具、备品备件及专项物资，加强日常维护。

（11）暴雨期间车辆出行要提前规划行车路线，规避有滑坡、滚石、河流漫路迹象的风险路段。要保证驾驶人员的休息时间，杜绝疲劳驾驶，确保车辆和人员交通安全。在山区，如果连降大雨，容易暴发山洪，应该注意避免渡河，以防止被山洪冲走，还要注意防止山体滑坡、滚石、泥石流的伤害。

（12）项目部应作好重要文件、档案资料、图纸、财务单据、办公设备的保管和保护措施，做好计算机重要资料的备份工作。

（13）应确保应急通信网络运转正常，通信设备电量充足，应急状态下信息畅通。

（14）灾害过后，恢复被破坏的设施、材料，并进行清理现场等工作时，要充分辨识恢复过程中存在的危险，当安全隐患彻底清除，方可恢复正常工作状态。

4.2.2 变电站施工主要防范措施

（1）结合设计水文气象报告，变电站建设时应确保站内排水设施有效接入周边已建的市政设施，并核实市政设施设计标准是否满足需求；周边无市政设施时应按规范要求设置相关排水设施，场区储备一定数量的排水泵，确保场地雨水能顺畅及时排出。墙体和屋面应做好拒水、防渗、防漏措施，例如百叶窗采用防雨百叶，外墙排风口增设防雨罩等。

（2）暴雨预警前，项目部对变电站排水沟进行全面检查，对排水不畅，应采取措施，开挖临时排水设施。

（3）对未回填的基础应及时回填，未施工的深基坑做好垫层浇筑、支护加固及排水措施，新浇筑的混凝土应做好防雨水冲刷措施。

（4）设备露天工作的大型机械设备，应停留在地势较高的位置或就近撤离到地势高的位置，机电设备机座均应垫高，不得直接放置在地面上。各类施工操作棚、工具房内应设置临时货架，小型设备及工器具应堆放到货架上或垫置到较高处，并加强暴雨期间建筑物屋面渗漏的巡查，防止各类工器具被雨水浸泡。

（5）露天堆放的各种材料木模板、木夹板、圆形储物桶等堆放在较高处。

（6）特大暴雨发生前，应提前切断总电源。

（7）对户外主变压器穿墙套管、GIS 套管伸出孔、进所电缆沟等孔洞加强检查，并对户外箱体柜门及建筑物门窗是否关闭严密进行检查，及时封堵，防止雨水倒灌。

（8）现场应做好发电机、应急照明器材、沙袋、潜水泵等防汛应急物资储备；食堂应适当储备粮食、准备干粮、熟食、水以及必备生活用品等。

（9）变电站坐落在山脚附近或山体边缘，或在大坝、水库、河流等下游时，项目部收到发生暴雨橙色或红色预警通知后，应采取措施，组织人员、大型设备、车辆、重要物资、资料等立即撤离，确保人员、设备及物资安全。

4.2.3　架空线路施工主要防范措施

（1）搭设临时工棚应选择在地势高、场地开阔的地段，临时工棚四周应设置排水沟，工棚内应有临时货架，值班休息床铺搭设应离地面一定高度。

（2）工地临时电源设置电源箱，电源线应架空一定高度，电源箱、电源设备、开关等与地面隔离，保持一定的距离。

（3）机械设备应设置在地势高处，避开低洼及易积水区域，施工过程中受场地使用条件限制，起重机、牵张机、绞磨、液压机、发电机等机械设备应在暴雨预警期间及时转移至地势较高处。

（4）线路基础、铁塔及架线材料运输前，动态掌握天气预报情况，根据暴雨预警信息，暴雨期间停止运输。各类材料应在暴雨预警前做好覆盖措施，并采取与地面隔离，增加铺垫，防止洪水冲刷和浸泡。

（5）做好开挖基础、人工挖孔桩、掏挖基础、岩石嵌固基础防塌方措施，在坑口砌筑挡水墙，开挖排水沟，坑口加设遮盖措施。对已浇制完成的基础，应及时回填并夯实回填土。

（6）铁塔组立施工过程中，应在铁塔拉线、绞磨地锚坑洞的周边开挖排水沟，采用薄膜等覆盖地锚回填土防水浸泡措施。

（7）张牵车地锚坑洞的周边应开挖排水沟，采用薄膜等覆盖地锚回填土防水浸泡措施。对处于低洼地可能受积水影响的钢丝绳及各类桩锚埋设处，应提前进行加固。

（8）检查所有的线路施工跨越架，针对性采取对应的加固措施。对 35kV 及以上的带电跨越架、高速公路跨越架或高度超过 15m

的跨越架，有条件的应拆除；对尚在搭设中的跨越架应暂停搭设工作，并设好相应的拉线。

（9）检查所有的钢丝绳及导地线的锚固点，重点是桩锚设置，对处于低洼地可能受积水影响的，应提前进行加固。

（10）严禁将各类桩锚和跨越架设置在沟渠、河道等易被雨水冲刷的低洼地带。

（11）牵张机、绞磨、液压机、发电机、配电箱等设施设备应转移至高地，采取防雨、防淹措施。大型吊机、塔吊的吊臂应下地，做好防水淹、防倾倒措施。

（12）严禁在山区河道设置牵张场和各类临时设施。

（13）检查施工人员现场驻地的房屋设施，对位于河网、下游、低洼等处受暴雨影响的人员，必要时应采取临时撤离等措施。

（14）雨水后的机电、机具设备在使用前，必须进行全面检查、维护和保养，确认无问题后，方可施工。

4.2.4　电缆线路施工主要防范措施

（1）电缆井、电缆沟水泥包封未浇筑完成时，开挖部分应采用钢板封盖，并做好明显标识；若降雨量较大，且有可能造成人员、车辆坠落的应对开挖部分采取回填措施。应设置警示围栏等标志防止他人误入电缆沟。

（2）超过 3m 深的电缆管沟要做好钢护壁，并做好排水处理；未超过 3m 的做好电缆沟排水工作，防止雨水长时间冲刷导致电缆沟坍塌。

（3）正在施工的电缆隧道应及时撤出所有材料及设备，切断供电电源，封闭隧道出入口，并做好明显标识。

（4）已开始电缆敷设施工的应尽快完成敷设，若无法在暴雨来临前完成敷设施工的，应立即停止敷设，并将所有工器具撤出。电缆两端应做好防水密封处理并抬高，以防止被水淹没。

（5）已上塔的电缆应采用增加电缆抱箍的方式做好固定工作，干式电缆终端应采用刚性材料临时固定。已完成的电缆附件应做好防水密封处理并抬高，防止被水淹没。

（6）电缆沟里应无大型机具（传送机等），暴雨过后应对放好的电缆进行摇绝缘测试，检查是否有绝缘层破损。

（7）地势较高的工地应采用篷布封盖等方式对现场材料进行原地保护。地势较低，可能被水淹没的工地应将材料转移至地势较高的场地进行堆放。发电机等电动设备应转移至地势较高的室内存放。

4.3　避险措施

（1）接收暴雨预警信息后，工程项目及时启动应急预案，各级基建管理人员应在确保安全的情况下，及时到岗到位，实行 24h 轮流值班，随时保持手机处于开机状态。

（2）施工现场受到特大暴雨威胁时，应立即安排停工，迅速组织人员撤离，并及时掌握人员动态信息，做好现场人员去向登记，加强防暴防灾宣传。线路工程从事基础、铁塔组立及架线施工人员遇到突发暴雨情况，应立即停止作业，两人以上人员一同撤离到地质条件好、地势高的开阔地带，应避开地势低洼、河流、水库、山体松动易滑坡等地带。

（3）召开防暴雨应急会议，通报暴雨雨情信息，明确各级人员职责，安排抢险人员、车辆、工器具、物资、后勤保障等。

（4）落实各级抢险人员、车辆、工器具、物资、后勤保障等抢险准备工作，抢险队伍随时处于待命状态。

（5）组织召开防暴雨抢险方案安全交底会，交代抢险过程中的安全风险及防范措施。

4.4　恢复施工措施

（1）暴雨灾害过后，恢复被破坏的设施、材料，并进行清理现场等工作时，要充分识别恢复过程中存在的风险，当安全隐患彻底清除，方可恢复正常工作状态。

（2）暴雨灾害发生后，应对暴雨发生地区或长时间受洪水浸泡地区开展全面消毒，防止流行传染病发生。

（3）在确保安全的前提下，应在第一时间掌握在建工程受灾灾情，及时做好信息报送工作。

（4）根据受灾程度，必要时向上级部门提出外部支援需求。

（5）根据灾情制定抢修施工方案，包括安全措施、组织措施、技术措施、进度措施等内容。

（6）抢修工作开始前，开展施工安全风险识别及评估，制定风险控制措施，开展安全风险交底。

（7）加强抢修工作的安全管控，落实到岗到位工作要求，加强作业现场安全监护，必要时增设专责监护人。

（8）相应部门及时统计灾害损失，会同相关部门（安监、财务）核实、汇总受损情况，按保险公司相关保险条款理赔，留存照片或视频作为受灾的佐证。

第5章

高　　温

5.1　高温天气的定义及影响

5.1.1　定义

（1）高温天气：是指地市级及以上气象主管部门所属气象台站通过当地电视、广播、报纸等媒体向社会公众发布的日最高气温35℃以上的天气。

日最高气温达到35℃以上、37℃以下为一般高温天气；日最高气温达到37℃以上、40℃以下为中度高温天气；日最高气温达到40℃以上为强度高温天气。

由于人体对冷热的感觉不仅取决于气温，还与空气湿度、风速、太阳热辐射等有关。因此，不同气象条件下的高温天气，也有其相应的特征。通常有干热型和闷热型两种类型。

干热型高温：日最高气温大于等于37℃且相对湿度小于70%，被称为干热型高温。

闷热型高温：日最高气温大于等于37℃且相对湿度大于等于70%，被称之为闷热型高温。由于出现这种天气时人感觉像在桑拿浴室里蒸桑拿一样，所以又称"桑拿天"。

根据中国气象局《气象灾害预警信号发布与传播办法》的规定，高温预警信号分三级，分别以黄色、橙色、红色表示，见表 5-1。

表 5-1　　　　　　　　　高温预警信号分级

级别	含　义	标示
黄色	高温黄色预警信号的含义是天气闷热，一般指连续 3 天日最高气温将在 35℃以上	
橙色	高温橙色预警信号的含义是天气炎热，一般指 24h 内最高气温将要升至 37℃以上	
红色	高温红色预警信号的含义是天气酷热，一般指 24h 内最高气温将升至 40℃以上	

（2）高温天气作业：是指用人单位在高温天气期间安排劳动者在高温自然气象环境下进行的作业。

5.1.2　影响范围

高温天气是一种较常见的气象灾害，热带、副热带地区是典型的高温灾害频发地区。我国除青藏高原等部分地区以外，几乎绝大多数地方都出现过高温天气。近年来，高温天气在我国北方部分地区增加态势十分明显，新疆东北部、内蒙古西部、陕西关中地区、华北中东部、江南中南部和华南南部都出现过大范围 35℃以上的高温天气。我国的高温天气主要出现在 6～9 月，而以 7～8 月较为凸显。

结合气象统计信息分析，公司系统内江南、华南、西南及新疆都是高温的频发地，闷热型高温天气影响的单位主要有重庆、天津、上海、浙江、江苏、安徽、湖南、湖北等电网公司，干热型高温天气影响的单位主要有山西、河北、甘肃、新疆、宁夏等电网公司。

5.1.3 主要灾害影响

高温天气灾害影响主要包括人类在高温天气环境下从事生产活动所引发的各类病症直接危害人民健康及生命安全，设备在高温暴晒环境下导致的设备安全，地面沉陷、地裂缝、火灾等次生灾害间接危害人民生命及财产损失的现象。

高温天气对在建工程的危害性主要有以下几方面：

（1）直接危害作业人员身体健康（使人体高级神经系统的某些机能发生非正常变化，如注意力、精确性、运动协调性和反应速度降低等），使作业人员出现高温烫伤、全身性高温反应、中暑（先兆、轻症、重症）等各类病症。

（2）直接危害作业人员生命安全［作业人员电解质平衡紊乱，出现肌肉痉挛、四肢抽搐等现象。在高温环境中（≥35℃）机体散热困难，无法通过散热维持平衡，出现呼吸与脉搏加快、头昏眼花、恶心耳鸣等症状，重者发生昏倒甚至死亡］，引发个别作业人员出现心、肺、脑血管性疾病、肺结核、中枢神经系统等各类疾病，甚至死亡。

（3）引发疾病流行。使食品发生变质、环境恶化、蚊蝇大量滋生繁殖引发疾病流行。

（4）直接危害工程施工质量，出现诸如基坑塌落、混凝土强度降低、混凝土凝结速度加快、混凝土开裂、抹灰开裂、屋面渗水、设备老化、气体泄漏等质量问题。

（5）可导致汽柴油动力机组、钻井泥浆泵等施工机械设备动力机组功率下降、散热困难、配件损耗增多、润滑效果变差，致使经济性、动力性及可靠性下降。

（6）引发地面沉陷、地裂缝、火灾等次生灾害，间接危害人民群众生命安全，造成财产损失。

5.2 防范措施

5.2.1 通用要求

（1）建立健全防暑降温工作制度，采取有效措施，加强高温作业、高温天气作业劳动保护工作，确保劳动者身体健康和生命安全。

（2）建立高温信息收集发布机制，收集气象部门发布的预报、预警信息汇总整理后及时向施工现场发布。

（3）制定高温中暑应急预案，定期开展应急救援演练。

（4）对劳动者进行上岗前职业卫生培训和在岗期间的定期职业卫生培训，普及高温防护、中暑急救等职业卫生知识。

（5）根据高温天气作业的劳动者数量及作业条件等情况，合理安排生产班次和劳动作息时间，制定特种作业人员岗位施工措施，配备应急救援人员、足量的急救药品（如速效救心丸、藿香正气液、仁丹、十滴水等）、饮用水。

（6）在高温工作环境设立休息场所，休息场所应当设有座椅，保持通风良好或者配有空调等防暑降温设施。

（7）根据地市级以上气象主管部门所属气象台站当日发布的预报气温及时调整作业时间，但因人身财产安全和公众利益需要紧急处理的除外：

1）日最高气温达到40℃以上，应当停止当日室外露天作业。

2）日最高气温达到37℃以上、40℃以下时，用人单位全天安排劳动者室外露天作业时间累计不得超过6h，连续作业时间不得超过国家规定，且在气温最高时段3h内不得安排室外露天作业（日最高气温达到38℃时，用人单位全天安排劳动者室外露天作业时间累计不得超过4h）。

3）日最高气温达到35℃以上、37℃以下时，用人单位应当采取换班轮休等方式，缩短劳动者连续作业时间，并且不得安排室外露天作业劳动者加班（日最高气温达到35℃时，应根据生产工作情况，采取换班轮休等方法，缩短员工连续作业时间；不得安排加班加点；12:00～15:00应停止露天作业；因行业特点不能停止作业的，12:00～15:00员工露天连续作业时间不得超过2h）。

（8）加强作业人员监护管理。利用班前班后会检查作业人员身体状况、精神面貌、人员着装，确保作业人员休息充足、精力充沛。在作业过程中加强对作业人员的巡视检查，观察作业人员是否存在异常状况，发现异常情况应及时处理。

（9）结合运行经验和气象水文资料，设计规划部门要从源头上规避灾害性高温影响，对可能发生的高温灾害进行预先防范，主要是合理设计工艺过程，改进生产设备和操作方法、采取隔热降温措施等。

（10）高温天气下易燃、易爆、易挥发、有毒气体（如氧气、乙炔、六氟化硫、油漆、涂料、甲醇、汽油等）应按照《易燃易爆化学物品消防安全监督管理办法》（公安部令第 64 号）等相关文件严格执行。

（11）在火灾高发地带宜及时清除易燃物、配置消防灭火器材等措施。

5.2.2 变电站施工主要防范措施

（1）主控楼基础、主变基础、构架基础等基坑开挖后应及时浇筑垫层，避免因高温暴晒造成土质疏松、坑壁塌落。

（2）高温天气下应做好混凝土的养护工作，混凝土浇筑完后，表面宜覆盖清洁的塑料膜，保持潮湿状态不少于 7 天。

（3）高温天气下砌筑工程，要加大砖块的浇水频率，防止砂浆失水过快影响砂浆强度和粘结力。砂浆应随拌随用，对关键部位砌体，要进行必要的遮盖、养护。施工期间气温超过 30℃时，砌筑砂浆应在 2h 内使用完毕。水泥砂浆和混合砂浆必须分别在拌好后 3h 和 4h 内使用完毕，如施工期间最高气温超过 30℃时，必须分别在 2h 和 3h 内使用完毕。

（4）抹灰前应在砌体表面洒水湿润，抹灰后要加强养护工作。外墙面的抹灰，应避免在强烈日光直射下操作。砂浆制备应随配随用，可按规定要求掺入外加剂提高保水性。水泥砂浆抹灰 24h 后应喷水养护，养护时间不少于 7 天；混合砂浆要适度喷水养护，养护时间不少于 7 天。

（5）高温天气下屋面不宜进行喷涂硬泡聚氨酯、现浇泡沫混凝土等保温层施工，不宜进行蓄水隔热层的防水混凝土施工，不宜进行水乳型及反应型涂料、聚合物水泥涂料等涂抹防水层施工，不宜进行水泥砂浆及细石混凝土保护层施工。

（6）在闷热型高温天气下，GIS、主变压器本体、六氟化硫断路器灭弧室检查组装时空气相对湿度应小于 80%，主变器身检查时空气相对湿度应小于 75%，绝缘实验时空气相对湿度不宜高于 80%。

（7）在高温天气下，小型工器具、起重设备等施工机械温度要求应按照《建筑机械使用安全技术规范》（JGJ 33—2012）（中华人民共和国住房与城乡建设部 公告第 1364 号）等相关文件严格执行。

（8）阀控室密封酸蓄电池宜在 5～40℃的环境温度，相对湿度低于 80%的环境下存放；铬镍碱性蓄电池宜在 −5～35℃的环境温度，相对湿度低于 75%的环境下存放。

5.2.3 架空线路施工主要防范措施

（1）杆塔基坑、基槽开挖时应及时完善护壁、垫层的浇筑工作，避免因高温暴晒引起的土质疏松、塌落。

（2）混凝土浇筑完成后应高度重视养护工作，在初凝后应及时做好覆盖并浇水养护，避免混凝土水分蒸发过快，导致表面产生裂纹。

（3）在高温天气下作业应加强对牵张机散热系统、机动绞磨、液压机、发电机等动力设备的检查和保养维护工作。

（4）架空线路穿越的林区施工应加强防火工作，在火灾高发地带宜采取设置防火隔离带、清除易燃物、配置消防灭火器材等措施。

（5）高温天气组立铁塔、导地线展放、附件安装时，作业人员应配备结实、耐热、透气性好的织物工作服，防止被金属器具烫伤。

5.2.4   电缆线路施工主要防范措施

（1）高温天气产生的空气相对湿度大于 70% 及以上，不宜进行电缆终端与接头制作。当湿度大时，可提高环境温度或加热电缆。110kV 及以上高压电缆终端与接头施工时，应搭临时工棚，环境湿度应严格控制，温度宜为 10~30℃。

（2）在闷热型高温天气进行隧道施工时，井下作业面应加强通风换气排风工作。

（3）在高温闷热型天气下，为了防止绝缘附件和材料（如绝缘带材和绝缘剂）受潮、变质，必须将其存放在干燥、通风、有防火措施的室内。而存放有机材料的绝缘部件、绝缘材料的室内温度应不超过 35℃。

（4）禁止在通风不畅或有生产性热源超过 35℃以上的电缆隧道内施工，宜采用通排风或关闭生产性热源等措施确保施工环境温度持续低于 35℃。

（5）在高温来临前若无法完成电缆敷设施工，应立即停止敷设，并撤出隧道（竖井）内所有作业人员、材料及设备，切断供电电源，封闭隧道出入井口及施工作业现场，做好明显标识和撤离人员备案。

5.3   避险措施

（1）优先采用有利于控制高温的新技术、新工艺、新材料、新设备，从源头上降低或者消除高温危害。对于生产过程中不能完全消除的高温危害，应当采取综合控制措施，使其符合国家职业卫生标准要求。

（2）存在高温职业病危害的建设项目，应当保证其设计符合国家职业卫生相关标准和卫生要求，高温防护设施应当与主体工程同时设计，同时施工，同时投入生产和使用。

（3）高温天气期间，各级基建管理人员应及时到岗到位，实施值班工作制。

（4）用人单位应当对高温天气作业的劳动者进行健康检查，对患有心、肺、脑血管性疾病、肺结核、中枢神经系统疾病及其他身体状况不适合高温作业环境的劳动者，应当调整作业岗位。

（5）用人单位不得安排怀孕女职工和未成年工在 35℃以上的高温天气期间从事室外露天作业及温度在 33℃以上的工作场所作业。

（6）根据不同作业的需求对施工人员配备符合要求的工作服、工作帽、防护眼镜、面罩等个人防护用品。

（7）检查落实抢险物资及抢险车辆安排工作，各类抢险队伍处于待命状态，能在 24h 内调用到位。

（8）存在高温职业病危害的用人单位，应当实施由专人负责的高温日常监测，并按照有关规定进行职业病危害因素检测、评价。

（9）用人单位应当依照有关规定对从事接触高温危害作业劳动者组织上岗前、在岗期间和离岗时的职业健康检查，将检查结果存入职业健康监护档案并书面告知劳动者。

第6章

雷　　电

6.1　雷电的产生及危害

6.1.1　雷电的产生

雷电是伴有闪电和雷鸣的一种雄伟壮观而又有点令人生畏的放电现象。雷电一般产生于对流发展旺盛的积雨云中，因此常伴有强烈的阵风和暴雨，有时还伴有冰雹和龙卷风。积雨云顶部一般较高，可达 20km，云的上部常有冰晶。冰晶的淞附，水滴的破碎以及空气对流等过程，使云中产生电荷。云中电荷的分布较复杂，但总体而言，云的上部以正电荷为主，下部以负电荷为主。因此，云的上、下部之间形成一个电位差。当电位差达到一定程度后，就会产生放电，这就是我们常见的闪电现象。闪电的平均电流是 3 万安培，最大电流可达 30 万安培。闪电的电压很高，约为 1 亿～10 亿伏特。一个中等强度雷暴的功率可达一千万瓦，相当于一座小型核电站的输出功率。放电过程中，由于闪电通道中温度骤增，使空气体积急剧膨胀，从而产生冲击波，导致强烈的雷鸣。带有电荷的雷云与地面的突起物接近时，它们之间就发生激烈的放电。在雷电放电地点会出现强烈的闪光和爆炸的轰鸣声。这就是人们见到和听到的电闪雷鸣。

6.1.2　影响范围

雷电灾害被联合国有关组织定为十种最严重的自然灾害之一，被国际电工委员会认定为电子时代的一大公害。我国雷电灾害十分严重，国家公司经营的省份中经常遭遇雷电影响的主要有上海、江苏、浙江、安徽、福建、湖北、湖南、四川以及重庆等省份，雷电多出现在 6～10 月，且以 6～8 月最多。

6.1.3　主要灾害影响

雷电的危害一般分为两类：一是雷直接击在建筑物上发生热效应作用和电动力作用；二是雷电的二次作用，即雷电流产生的静电感应和电磁感应。雷电的具体危害表现有以下方面：

（1）雷电流高压效应会产生高达数万伏甚至数十万伏的冲击电压，如此巨大的电压瞬间冲击电气设备，足以击穿绝缘使设备发生短路，导致燃烧、爆炸等直接灾害。

（2）雷电流高热效应会放出几十至上千安的强大电流，并产生大量热能，在雷击点的热量会很高，可导致金属熔化，引发火灾和爆炸。

（3）雷电流机械效应主要表现为被雷击物体发生爆炸、扭曲、崩溃、撕裂等现象导致财产损失和人员伤亡。

（4）雷电流静电感应可使被击物导体感生出与雷电性质相反的大量电荷，当雷电消失来不及流散时，即会产生很高电压发生放电现象从而导致火灾。

（5）雷电流电磁感应会在雷击点周围产生强大的交变电磁场，

其感生出的电流可引起变电器局部过热而导致火灾。

（6）雷电波的侵入和防雷装置上的高电压对建筑物的反击作用也会引起配电装置或电气线路断路而燃烧导致火灾。

6.2　防范措施

6.2.1　通用要求

（1）防雷设施设计和建设时，应根据地质、土壤、气象、环境、被保护物的特点，雷电活动规律等因素综合考虑，采用安全可靠、技术先进、经济合理的设计施工。

（2）现场应设立防范雷电应急组织机构，明确防雷灾害责任人，负责防雷安全工作，建立各项防雷安全工作，开展各项防雷设施的定期检测，雷雨前后的检查和日常的维护等。

（3）对现场作业人员进行防雷安全教育培训，作业前进行安全技术交底，确保每个作业人员都能清楚地认识雷电危害的严重性并掌握预防雷电灾害的基本知识。

（4）建筑物上装设避雷装置、杆塔装避雷线、装设构架避雷针或独立避雷针装置，即利用避雷装置将雷电流引入大地而消失。

（5）在雷雨时，人不要靠近高压变电室、高压电线和孤立的高楼、烟囱、电杆、大树、旗杆等，更不要站在空旷的高地上或在大树下躲雨。

（6）在雷雨时，不能用有金属立柱的雨伞。在郊区或露天操作时，不要使用金属工具。

（7）雷雨天气时尽量避免室外接打手机。

（8）雷雨天不要触摸和接近避雷装置的接地导线。

（9）在雷雨天气，不要去江、河、湖边等。

（10）在雷雨时，应立即关掉室内的计算机、空调机等电器，以避免产生设备损坏。

（11）现场及时开展应急演练，做好救援方案，现场做好应急物资储备，现场设置足够的消防灭火器材等。

6.2.2 变电站施工主要防范措施

（1）现场应设立防范雷电灾害责任人，负责防雷安全工作，建立各项防雷安全工作，建立各项防雷设施的定期检测，雷雨后的检查和日常的维护等。

（2）临建区的办公用房、宿舍及仓库等均应可靠接地并定期检验接地电阻值。

（3）高度在 20m 及以上的金属物料提升机、脚手架、起重机、正在施工的在建工程等金属结构，如阀厅钢结构设施等均应设置避雷针，避雷针的接地电阻不得大于 10Ω。做防雷接地机械上的电气设备，所连接的 PE 线必须同时做重复接地，同一台机械设备的重复接地和机械上防雷接地可共用一接地体，但接地电阻应符合重复接地电阻值要求。组立的构架应及时接地。

（4）独立避雷针的接地线与电力接地网、道路边缘、建筑物出入口的距离不得小于 3m。

（5）防雷电接地装置采用圆钢时，其直径不得小于 16mm；采用扁钢时，其厚度不得小于 4mm、截面积不得小于 160mm^2。

（6）雷雨天气不得登高作业。

6.2.3 架空线路施工主要防范措施

（1）为预防雷电时的感应电，必须按安全技术规定装设可靠的接地装置。杆塔组立时的接地、张力放线时的接地、紧线时的接地、附件安装时的接地等须按照最新发布的《电力建设安全工作规程 第二部分：电力线路》要求设置。

（2）及时关注气象信息，雷雨天气不得进行杆塔组立、张力防线、紧线、附件安装、登高及索道运输作业。

（3）雷雨天气发生前，现场应及时切断临时电源，应做好现场吊车、牵张机等机械设备和机具的临时接地措施。

6.2.4 电缆线路施工主要防范措施

（1）已上塔的电缆应及时做好接地措施。

（2）雷雨天气不得登高作业。

6.3 避险措施

（1）雷雨期间，各级基建管理人员应在确保安全的情况下，及时到岗到位，加强安全管理。

（2）检查落实应急物资及救援车辆安排工作。

（3）当发生雷击时，应及时启动应急救援机制，立即将病人送往医院。如果当时呼吸、心跳已经停止，应立即就地做口对口人工呼吸和胸外心脏按压，积极进行现场抢救。视情况，还应在送往医院的途中继续进行人工呼吸和胸外心脏按压。此外，要注意给病人保温。若有狂躁不安、痉挛抽搐等精神神志症状时，还要为其作头部冷敷。对电灼伤的局部，在急救条件下，只需保持干燥或包扎即可。

（4）雷灾发生时应及时向市防雷所上报情况，以便及时处理，避免再次雷击。

6.4　恢复施工措施

（1）在确保安全的前提下，应在第一时间掌握在建工程受灾灾情及人员伤亡情况，及时做好信息报送及人员安抚工作。

（2）根据灾情制订抢修恢复计划，包括安全措施、技术措施、人员、抢修物资等内容。

（3）根据灾情严重程度，必要时向上级部门提出外部支援请求，负责现场工作安排与协调管理，做好工程抢险的后勤保障工作。

（4）现场巡查和抢修人员应及时上报灾损和抢修进展情况，应加强内部各专业部门之间的信息共享。

（5）加强复工工作的安全管理和监督，落实到岗到位工作要求，严格"施工作业票"制度执行，加强作业现场安全监护，必要时增设专职监护人。

（6）相应部门及时统计灾害损失，会同相关部门（安监、财务）核实、汇总受损情况，按保险公司相关保险条款理赔，留存照片或视频作为受灾的佐证。

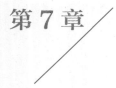

第7章

台　风

7.1　台风的定义及影响

7.1.1　台风的定义

台风是赤道以北、日界线以西，亚洲太平洋国家或地区对热带气旋的一个分级。国际惯例依据其中心附近最大风力分为：

热带低压：最大风速 6～7 级（10.8～17.1m/s）；

热带风暴：最大风速 8～9 级（17.2～24.4m/s）；

强热带风暴：最大风速 10～11 级（24.5～32.6m/s）；

台风：最大风速 12～13 级（32.7～41.4m/s）；

强台风：最大风速 14～15 级（41.5～50.9m/s）；

超强台风：最大风速≥16 级（≥51.0m/s）。

在气象学上，按世界气象组织定义，热带气旋中心持续风速达到 12 级称为台风。

7.1.2　影响范围

台风是发生在热带海洋上强烈的气旋性涡旋，中国南海北部、台湾海峡、台湾省及其东部沿海、东海西部和黄海均为台风通过的高频区。登陆台风主要出现在 5～12 月，而以 7～9 月最多，约占全年总数的 76.4%，是台风侵袭中国的高频季节。台风的强度随季节变化而有差异，最大风速大于 50m/s 的强台风出现频次以 9 月居多，10 月次之，11 月和 8 月偶有发生。据统计，中国近海 15 个省市均直接或间接受台风影响而产生暴雨，11 个省市最大雨量的起因是台风。在国家电网公司经营的省份中，福建、浙江、上海、江苏、山东、辽宁等沿海省市是台风影响的主要省份，江西、安徽等部分内陆省份也有台风记录。

7.1.3　主要灾害影响

台风灾害影响主要包括台风过程中的强风、暴雨、洪水、泥石流、滑坡、塌方等灾害可能对在建工程造成的人员伤亡及财产损失。台风对在建工程的危害性主要有以下方面：

（1）强风破坏。台风是一个巨大的能量库，其风速通常都在 17m/s 以上，超强台风甚至可以达到 60m/s 以上。所以强风具有极强的破坏性，容易造成工程户外高大设备倒塌，如塔吊、线杆、外墙脚手架、标语牌等，松散物飞扬可能造成设备损害或人员伤害。

（2）暴雨侵害。台风是最强的暴雨天气系统之一，一次台风登陆，降雨中心一天之中可降下 100～300mm 的大暴雨，少数台风甚至能够产生 1000mm 以上的特大暴雨。台风带来的暴雨强度大，洪灾出现频率高，波及范围广，是极具危险性的自然灾害，易造成工程构造物、堆置物、土石方、深基坑（槽）、活动板房等倒塌，以及道路冲毁、施工场地水淹等损失。

（3）次生灾害。具有后发性的特点，受到台风带来洪水的长时间冲刷、浸泡，易发生房屋、深基坑、铁塔基础坍塌或山体滑坡、泥石流等次生灾害。

（4）疾病流行。台风带来的洪水造成污水溢流，细菌、病毒等病原体扩散；饮用水源遭受污染，食品易发霉变质；灾后环境恶化，有利于蚊蝇大量滋生繁殖等。上述原因导致台风过后肠道传染病、人畜共患传染病及自然疫源性疾病容易发生，另外灾后还容易发生皮肤炎症、食物中毒、红眼病等疾病。

（5）盐风影响。海水的盐分随着台风引起的巨浪被带到陆上，附在工程材料上可导致材料物理性能及化学性能的变化，附在电缆上则可能引发漏电问题。

7.2 防范措施

7.2.1 通用要求

（1）提升本质安全。结合运行经验和气象水文资料，设计规划部门要从源头上规避灾害性台风影响，对易受灾地区项目采取优化布局和差异化规划设计。在项目选址、选线阶段，优选不易被台风侵袭的方案。在初步设计阶段，通过优化场地设计标高、加强地下建构筑物防渗排水能力、提高门窗防雨抗风压性能等，增强工程整体抗台、防洪、排涝的能力。在普遍提高台风多发地区电网规划设计标准的基础上，确定一批抵御严重灾害能力更强的重要线路，设防标准比普通线路提高 1～2 级。在设计电缆管沟及隧道时，充分考虑电缆防水、通风等问题，如在工井内设置集水井，隧道内设置通风井，并考虑集水坡度，降低电缆受淹的风险。

（2）关注台风预警。各工程项目在台风期间，积极联络属地气象部门，密切注意台风预警预报，根据台风变化周密制定施工计划，加强对在建工程设施设备的巡查，采取措施控制和降低初显灾情，重大灾情必须及时汇报。预报台风可能威胁施工现场的情况下应组织施工作业人员撤离。

（3）严禁盲目赶工。严禁以工期紧等为由冒险赶工，在施工现场可能受到台风威胁时，应立即安排停工，及时启动现场应急处置方案，迅速组织人员撤离，并及时掌握人员动态信息，做好现场人员去向登记，加强抗台防汛防灾宣传，安定人心。

（4）保障物资储备。按定额配齐防台抗台抢修工（机、器）具、备品备件及专项物资，加强日常维护。

（5）防范交通事故。台风预警期间车辆出行要提前规划行车路线，规避有滑坡、滚石、河流漫路迹象的风险路段。要保证驾驶人员的休息时间，杜绝疲劳驾驶，确保车辆和人员交通安全。

（6）做好资料保管。项目部应作好临时设施加固工作，重要文件、档案资料、图纸、财务单据、办公设备的保管和保护措施，作好计算机重要资料的备份工作。

（7）确保信息通畅。应确保应急通信网络运转正常，通信设备电量充足，应急状态下信息畅通。

（8）保障安全复工。当灾害过后，恢复被破坏的设施、材料，进行清理现场等工作时，要充分辨识恢复过程中存在的危险，当安全隐患彻底清除，方可恢复正常工作状态。

7.2.2　变电站施工主要防范措施

（1）结合设计水文气象报告，变电站建设时应确保站内排水设施有效接入周边已建的市政设施，并核实市政设施设计标准是否满足需求；周边无市政设施时应按规范要求设置相关排水设施，场区储备一定数量的排水泵，确保场地雨水能顺畅及时排出。墙体和屋面应做好拒水、防渗、防漏措施，例如百叶窗采用防雨百叶，外墙排风口增设防雨罩等。

（2）对未回填的基础应及时回填，未施工的深基坑做好垫层浇筑、支护加固及排水措施，新浇筑的混凝土应做好防雨水冲刷措施。

（3）对已搭设的脚手架及物料提升机应进行全面检查及加固处理。

（4）露天工作的吊车等大型机械设备，应停留在较为固定的位置并恢复原位，车轮或履带两侧应使用木块、石块挤牢或采取其他防止移动措施。各类施工操作棚应增设缆风绳，缆风绳的设置要合理并符合规定，避免被台风刮起，造成其他设备、设施的损坏。

（5）露天堆放的各种材料应设置整齐、稳妥，未安装的主变压器、GIS 等重要设备应做好防雨防台措施并加固，木模板、木夹板、圆形储物桶等堆放高度不宜过高，且应加固处理；小型机械设备、易转移材料应移至仓库存放；对不易入库的应进行整理、固定、覆盖，做好防雨、防风等措施，机电设备机座均应垫高，不得直接放置在地面上，避免下雨时受淹。拆除临时施工电源线，检查电源箱接头部分，对外露部分进行绝缘包扎处理，并准备好应急照明器材。

（6）临建房屋的屋顶应在纵、横方向设置钢管铺压，钢管用缆绳与地面锚固点联结，防止台风刮开屋顶。各种宣传牌、标识牌、警告牌等应可靠固定，必要时可以临时拆下保存。

（7）对户外主变压器穿墙套管、GIS 套管伸出孔、进所电缆沟等孔洞加强检查，及时封堵，防止雨水倒灌。

（8）现场应做好发电机、应急灯、沙袋、潜水泵等防汛应急物资储备；食堂应适当储备粮食、准备干粮、熟食、水以及必备生活用品等。

（9）变电扩建、改造工程应加强易飘物管理，对防雨布、彩条布、防尘网等应有效固定，与覆盖物捆扎牢固。及时清理施工现场建筑垃圾，对各类板材、模板等及时清运。

7.2.3　架空线路施工主要防范措施

（1）做好已开挖基坑的防水措施，重点监控山地人工挖孔、掏挖基础、岩石嵌固基础，在坑口砌筑挡水墙，开挖好排水沟，必要时在坑口加设遮盖措施，防止雨水灌入基坑引起坍塌。

（2）采取有效措施做好在建工程成品保护，应保证新浇筑的混凝土不被雨水冲刷，对未吊装就位固定的重要设备应加强防护，必要时应入库存放。

（3）水泥、砂、石等原材料在现场应可靠存放，做好下铺上盖的措施，防止雨水冲刷。

（4）正在进行杆塔组立的施工现场，应做好临时补强措施；对邻近带电线路附近的铁塔，应将所有绳索拉至塔身进行可靠锚固，靠近带电侧的揽风绳应使用绝缘绳，防止被大风刮向带电线路。

（5）检查所有的线路施工跨越架，针对性采取对应的加固措施。对 35kV 及以上的带电跨越架、高速公路跨越架或高度超过 15m 的跨越架，应做好补强措施，有条件的应拆除；对尚在搭设中的跨越架应暂停搭设工作，并打设好相应的拉线。

（6）放线施工现场，检查所有的钢丝绳及导地线的锚线点，重点是地锚设置，对处于低洼地可能受积水影响的，应提前进行加固。

（7）牵张机、绞磨、液压机、发电机等动力设备应转移至高地，防止积水受淹。大型吊机、塔吊的吊臂应下地，做好防水淹、防倾倒措施。

（8）严禁在山区河道设置牵张场和各类临时设施。

（9）检查施工人员现场驻地的房屋设施，对位于孤岛、可能受台风影响的人员，必要时应采取临时撤离等措施。

7.2.4　电缆线路施工主要防范措施

（1）电缆井、电缆沟水泥包封未浇筑完成时，开挖部分应采用钢板封盖，并做好明显标识；若台风带来的降雨量较大，且有可能造成人员、车辆坠落的应对开挖部分采取回填措施。应设置警示围栏等标志防止他人误入电缆沟。

（2）超过 3m 深的电缆管沟要做好钢护壁，并做好排水处理；未超过 3m 的做好电缆沟排水工作，防止雨水长时间冲刷导致电缆沟坍塌。

（3）正在施工的电缆隧道应及时撤出所有材料及设备，切断供电电源，封闭隧道出入口，并做好明显标识。

（4）已开始电缆敷设施工的应尽快完成敷设，若无法在台风来临前完成敷设施工的，应立即停止敷设，并将所有工器具撤出。电缆两端应做好防水密封处理并抬高，以防止被水淹没。

（5）已上塔的电缆应采用增加电缆抱箍的方式做好固定工作，干式电缆终端应采用刚性材料临时固定。已完成的电缆附件应并做好防水密封处理并抬高，防止被水淹没。

（6）电缆沟里应无大型机具（传送机等），台风过后应对放好的电缆进行摇绝缘测试，检查是否有绝缘层破损。

（7）地势较高的工地应采用篷布封盖等方式对现场材料进行原地保护。地势较低，可能被水淹没的工地应将材料转移至地势较高的场地进行堆放。发电机等电动设备应转移至地势较高的室内存放。

（8）城市道路电缆沟围栏应采取加固措施，防止倾覆导致交通事故。

7.3　避险措施

（1）台风可能对施工现场造成影响时应全面禁止各类施工作业。

（2）台风登陆期间，各级基建管理人员应在确保安全的情况下，及时到岗到位，实施 24h 值班。

（3）加强对施工人员的防灾避险教育，开展紧急抢修及救援演练，增加施工人员的防灾避险意识，防止因人为因素带来的二次损失。密切关注当地气象预报，防止次生灾害发生。

（4）检查落实抢险物资及抢险车辆安排工作，各类抢险队伍处于待命状态，能在 24h 内调用。

（5）落实公司防台会议确定的基建工程其他各项准备工作。

7.4　恢复施工措施

（1）在确保安全的前提下，应在第一时间掌握在建工程受灾灾情，及时做好信息报送工作。

（2）根据灾情制订抢修恢复计划，包括安全措施、技术措施、人员、抢修物资等内容，明确组织机构，落实责任人员。

（3）根据灾情严重程度，必要时向上级部门提出外部支援请求，负责现场工作安排与协调管理，做好工程抢险的后勤保障工作。

（4）现场巡查和抢修人员应及时上报灾损和抢修进展情况，应加强内部各专业部门之间的信息共享。

（5）加强复工工作的安全管理和监督，落实到岗到位工作要求，严格"施工作业票"制度执行，加强作业现场安全监护，必要时增设专职监护人，不得因抢进度而降低安全标准。作业前各类拉线、受力锚桩、工机具必须重新检查，合格后方可继续使用。

（6）相应部门及时统计灾害损失，会同相关部门（安监、财务）核实、汇总受损情况，按保险公司相关保险条款理赔，留存照片或视频作为受灾的佐证。

第8章

大 风

8.1 大风的定义及影响

8.1.1 大风的定义

相对于地表面的空气运动，风通常指它的水平分量。根据风对地面（或海面）物体影响程度而定出的风力等级，共分为 0～17 级。大风在气象学中专指 8 级风，大风出现时陆地上树枝折断，迎风行走感觉阻力很大。

根据工程建设安全防范需要，大风指影响工程施工，且气象学中 6 级及以上风力的风（6 级风的风速为 7.8～13.9m/s）。

8.1.2 影响范围及时段

经调研，国家电网公司系统经常遭遇大风影响的主要为北京（1～4 月、11～12 月）、天津（3～4 月）、河北（4～5 月、11 月）、冀北（1～4 月、11～12 月）、山东（1～5 月、7～12 月）、河南（全年）、辽宁（5 月）、蒙东（3～5 月）、陕西（3～4 月、10～12 月）、甘肃（3～5 月）、青海（4～5 月）、宁夏（3 月）、新疆（4～5 月、10～11 月）、西藏（3～4 月）。

8.1.3　主要灾害影响

大风根据级别分为一般大风、较强大风、特强大风。一般大风相当 6～8 级大风，对工程设施一般不会造成破坏；较强大风相当于 9～11 级大风，对工程设施可造成不同程度的破坏；特强大风（陆上绝少见）相当于 12 级及以上大风，对工程设施和船舶、车辆等可造成严重破坏，并严重威胁人员生命安全。大风对在建工程的危害性主要有以下方面：

（1）人身伤害。大风对工程施工有极大的安全危害，易发生高处作业坠落、起重吊车或抱杆倾覆、焊接或切割及动火作业起火、邻近带电体触电等事故，造成一定的伤害。

（2）建筑设备破坏。强风具有极强的破坏性，容易造成工程户外高大设备倒塌，如塔吊、标语牌、线杆、外架等，松散物飞扬可能造成设备损害或人员伤害。

（3）次生灾害。具有后发性的特点，受到大风带来雷雨、大雪、沙尘暴等洪水、冰冻、沙尘的影响。易发生基坑坍塌、山体滑坡、泥石流、地锚拔出、机械设备及材料损坏、交通安全等次生灾害。

8.2　防范措施

8.2.1　通用要求

（1）结合运行经验和气象水文资料，设计规划部门要从源头上规避灾害性大风影响，对易受灾地区项目采取优化布局和差异化规划设计。在项目选址、选线阶段，优选不易被大风侵袭的方案。在初步设计阶段，通过优化场地设计标高、提高架空线路导线防风能力、提高门窗抗风压性能等，增强工程整体防风的能力。

（2）严禁以工期紧等为由冒险赶工，在施工现场可能受到大风威胁时，应立即安排停工，及时启动现场应急处置方案，迅速组织人员撤离，并及时掌握人员动态信息。

（3）在五级以上大风及雨雪天气时，禁止露天或高处进行焊接和切割作业，禁止动火作业。

（4）遇有六级及以上风或暴雨、雷电、大雪、沙尘暴等恶劣天气时，应停止露天高处作业、起重吊装作业、桩基施工、大中型机械安装、GIS 安装等工作。

（5）按定额配齐防大风抢修工（机、器）具、备品备件及专项物资，加强日常维护。

（6）大风预警期间车辆出行要提前规划行车路线，规避有滑坡、滚石、河流漫路迹象的风险路段。要保证驾驶人员的休息时间，杜绝疲劳驾驶，确保车辆和人员交通安全。

（7）所有施工现场应当配备风速监控仪，随时观察风速监控仪情况，一旦风速超过五级，立即停止相应施工。

（8）项目部应作好重要文件、档案资料、图纸、财务单据、办公设备的保管和保护措施，做好计算机重要资料的备份工作。

（9）应确保应急通信网络运转正常，通信设备电量充足，应急状态下信息畅通。

（10）灾害过后，恢复被破坏的设施、材料，进行清理现场等工作时，要充分辨识恢复过程中存在的危险，当安全隐患彻底清除，方可恢复正常工作状态。

（11）在露天使用的塔式起重机的塔架上不得装设增加迎风面

积的设施，如条幅标语、标牌等。

（12）爆破作业前应了解当地气象情况，使装药、填塞、起爆的时间避开狂风等恶劣天气。

8.2.2　变电站施工主要防范措施

（1）最大设计风速超过35m/s的地区，在屋外配电装置的布置中，应采取相应措施。

（2）构支架二次浇灌混凝土未达到规定强度时，不得拆除临时拉线。

（3）对未回填的基础应及时回填，未施工的深基坑做好垫层浇筑、支护加固及排水措施，新浇筑的混凝土应做好防雨水冲刷措施，并对堆土区及散装建筑施工材料进行覆盖保护。

（4）遇六级及以上风、雨或雪等天气时应停止脚手架搭设、拆除作业和高压试验工作。

（5）对已搭设的脚手架及物料提升机应进行全面检查及加固处理。

（6）露天工作的大型机械设备，应停留在较为固定的位置，各类施工操作棚应增设缆风绳，缆风绳的设置要合理并符合规定，避免被大风刮起，造成其他设备、设施的损坏。

（7）露天堆放的各种材料应设置整齐、稳妥，木模板、木夹板、圆形储物桶等堆放高度不宜过高，且应加固处理；小型机械设备、易转移材料应移至仓库存放；对不易入库的应进行整理、固定、覆盖，做好防雨、防风等措施，机电设备机座均应垫高，不得直接放置在地面上，避免下雨时受淹。暴雨天气应立即切断总电源，并准备好应急照明器材。

（8）临建房屋的屋顶应在纵、横方向设置钢管铺压，钢管用缆绳与地面锚固点联结，防止大风刮开屋顶。各种宣传牌、标识牌、警告牌等应可靠固定，必要时可以临时拆下保存。

（9）现场应做好发电机、应急灯、沙袋、潜水泵等应急物资储备；食堂应适当储备粮食、准备干粮、熟食、水以及必备生活用品等。

8.2.3　架空线路施工主要防范措施

（1）做好已开挖基坑的防塌措施，重点监控山地人工挖孔、掏挖基础、岩石嵌固基础，对挖掘机械采取防倾倒措施。

（2）遇有雷雨、五级及以上大风等恶劣天气时不得进行索道运输作业。

（3）已组立的抱杆应严格按施工方案要求，做好相应的内外拉线及螺栓的紧固工作；对邻近带电线路附近的铁塔，应将所有绳索拉至塔身进行可靠锚固，防止被大风刮向带电线路。

（4）检查所有的线路施工跨越架，采取针对性的加固措施。对35kV及以上的带电跨越架、高速公路跨越架或高度超过15m的跨越架，有条件的应拆除；对尚在搭设中的跨越架应暂停搭设工作，并打设好相应的拉线。跨越不停电线路架线施工遇5级以上大风、雷电、雨、雪天气时，应停止作业。

（5）检查所有的钢丝绳及导地线的锚线点，重点是地锚设置，对处于低洼地可能受积水影响的，应提前进行加固。

（6）遇大风时，大型吊机、塔吊立即迅速将吊物落下，将吊钩起升到大臂根部相距 2m 处,停止一切吊装作业,并立即松开旋转机构的制动器,使其在风标效应情况下,伸臂自由旋转;流动式起重机及时把起重臂锁定,防止随风转动,并做好防倾倒措施。

(7)严禁在山区河道设置牵张场和各类临时设施。

(8)六级大风、雷雨天气不得进行砍伐树木作业。

8.2.4 电缆线路施工主要防范措施

(1)电缆井、电缆沟水泥包封未浇筑完成时,开挖部分应采用钢板封盖,并做好明显标识;应设置警示围栏等标志防止他人误入电缆沟。

(2)已开始电缆敷设施工的应尽快完成敷设,若无法在大风来临前完成敷设施工的,应立即停止敷设,并将所有工器具撤出。

(3)已上塔的电缆应采用增加电缆抱箍的方式做好固定工作,干式电缆终端应采用刚性材料临时固定。

(4)电缆沟里应无大型机具(传送机等),大风过后应对放好的电缆进行摇绝缘测试,检查是否有绝缘层破损。

(5)地势较高的工地应采用篷布封盖等方式对现场材料进行原地保护。

(6)电缆连接试验引线时,应做好防风措施,保证与带电体有足够的安全距离。遇有雷雨及六级及以上大风时应停止高压试验。

8.3 避险措施

(1)大风期间,各级基建管理人员应在确保安全的情况下,及时到岗到位,必要时实施 24h 值班。

（2）检查落实抢险物资及抢险车辆安排工作，各类抢险队伍处于待命状态，能在 24h 内调用。

（3）落实公司应急预案确定的基建工程各项准备工作。

8.4 恢复施工措施

（1）在确保安全的前提下，应在第一时间掌握在建工程受灾灾情，及时做好信息报送工作。

（2）根据灾情制订抢修恢复计划，包括安全措施、技术措施、人员、抢修物资等内容。

（3）根据灾情严重程度，必要时向上级部门提出外部支援请求，负责现场工作安排与协调管理，做好工程抢险的后勤保障工作。

（4）现场巡查和抢修人员应及时上报灾损和抢修进展情况，加强内部各专业部门之间的信息共享。

（5）加强复工工作的安全管理和监督，落实到岗到位工作要求，严格"施工作业票"制度执行，加强作业现场安全监护，必要时增设专职监护人。

（6）相应部门及时统计灾害损失，会同相关部门（安监、财务）核实、汇总受损情况，按保险公司相关保险条款理赔，留存照片或视频作为受灾的佐证。

第 9 章

沙　尘　暴

9.1　沙尘暴的定义及影响

9.1.1　沙尘暴的定义

沙尘暴是沙暴和尘暴两者兼有的总称，是指强风把地面大量沙尘物质吹起并卷入空中，使空气特别混浊，水平能见度小于 1000m 的严重风沙天气现象。其中，沙暴系指大风把大量沙粒吹入近地层所形成的挟沙风暴；尘暴则是大风把大量尘埃及其他细颗粒物卷入高空所形成的风暴。《沙尘暴天气等级》（GB/T 20480—2006）依据沙尘天气当时的地面水平能见度划分，依次分为浮尘、扬沙、沙尘暴、强沙尘暴和特强沙尘暴五个等级。

浮尘：当天气条件为无风或平均风速≤3.0m/s 时，尘沙浮游在空中，使水平能见度小于 10km 的天气现象。

扬沙：风将地面尘沙吹起，使空气相当混浊，水平能见度在 1～10km 以内的天气现象。

沙尘暴：强风将地面尘沙吹起，使空气很混浊，水平能见度小于 1km 的天气现象。

强沙尘暴：大风将地面尘沙吹起，使空气非常混浊，水平能见度小于 500m 的天气现象。

特强沙尘暴：狂风将地面尘沙吹起，使空气特别混浊，水平能见度小于 50m 的天气现象。

9.1.2 影响范围

沙尘暴是一种风与沙相互作用的灾害性天气现象，主要发生在春末夏初季节的西北和华北北部地区，这是由于冬春季干旱区降水较少，地表异常干燥松散，抗风蚀能力很弱，在有大风刮过时，就会将大量沙尘卷入空中，形成沙尘暴天气。我国塔里木盆地周围、宁夏平原、河西走廊—陕北一线、内蒙古阿拉善高原、河套平原和鄂尔多斯高原是沙尘暴多发区。在国家电网公司经营的省份中，经常遭遇沙尘暴影响的主要有新疆、甘肃、宁夏、内蒙古东部、陕西北部等省份或地区，京津冀、东北等地区也会受到一定影响。

9.1.3 主要灾害影响

沙尘暴灾害影响主要包括沙尘暴天气过程中的沙埋、狂风袭击、降温霜冻和污染大气等方式，可造成房屋倒塌、交通供电受阻或中断、火灾、人畜伤亡等，污染自然环境，破坏作物生长，给国民经济建设和人民生命财产安全造成严重的损失和极大的危害。沙尘暴对在建工程的危害性主要有以下方面：

（1）强风破坏。沙尘暴天气通常都伴有 6 级及以上大风，特强沙尘暴瞬时最大风速往往达到 25m/s 以上，携带细沙粉尘的强风摧毁建筑物及公用设施，造成工程户外高大设备倒塌，如塔吊、标语牌、脚手架、跨越架等，造成临时建筑倾覆和垮塌，地面吹起物可能造成电力线路和设备短路跳闸或人员伤害。

（2）沙埋危害。强风裹挟着沙尘以风流沙的方式造成道路、沟渠、开挖基坑、地基工程被大量流沙掩埋，尤其是地处荒漠的工程影响尤为严重，造成人员失踪、运输受阻、机械设备受损、工程返工等损失。

（3）空气污染。在沙尘暴源地和影响区，大气中的可吸入颗粒物（TSP）增加，大气污染加剧。当人暴露于沙尘天气中时，含有各种有毒化学物质、病菌等的尘土可透过层层防护进入到口、鼻、眼、耳中。这些含有大量有害物质的尘土若得不到及时清理，将对这些器官造成损害或病菌以这些器官为侵入点，引发各种疾病。扬沙还造成精密仪器仪表、电子元件和机械设备受损，严重影响输变电工程建设。

（4）降温霜冻灾害。强风使沙尘暴影响区气温骤降，影响正在施工的混凝土工程质量，野外作业人员受冻，杆塔等表面结霜打滑，影响高处作业人员安全。

9.2 防范措施

9.2.1 通用要求

（1）由于强沙尘暴往往伴随6级及以上大风，因此，应结合运行经验和气象水文资料，设计规划部门要从源头上规避沙尘暴的影响，对易受沙尘暴侵害地区项目采取防范沙尘暴的规划设计。变电站站址选择应综合当地气候、地形等因素，选择风沙影响较小的站址。工程初步设计阶段，通过优化设备选型、提高设备、门窗防沙尘性能等，增强工程整体抗击防沙尘暴及沙尘"打磨效应"的能力。

如采用 GIS、HGIS、主变压器不得采用轮式结构、采用防沙尘端子箱、机构箱防污等级较高电气设备等。

（2）注重气象监测预报，指定专人定时收听、收看天气预报，随时掌握气象情况，预先了解沙尘暴来临的信息，提前发出预警信息，及时做好施工安全防护和临时挡护工程，严格执行施工规程要求，确保施工安全。参建人员应手机短信定制气象信息，及时了解气象情况。

（3）作业人员应戴口罩、防风镜等防尘用品，以避免风沙对呼吸道和眼睛造成损伤。一旦有沙尘吹入眼内，不要用手揉搓，应尽快用清水冲洗或滴眼药水，保持眼睛湿润易于尘沙流出。如仍有不适，应及时就医。从风沙天气的户外进入室内，应及时清洗面部，用清水漱口，清理鼻腔，保持身体洁净舒适。

（4）严禁以工期紧等为由冒险赶工，在施工现场可能受到沙尘暴威胁时，应立即安排停工，及时启动现场应急处置方案，迅速组织人员撤离，并及时掌握人员动态信息，做好现场人员去向登记，野外作业人员严禁独自离开现场。

（5）沙尘暴天气期间禁止进行高处作业和起重吊装作业，停止起重作业及非作业期间应把起重设备的起重臂锁定，防止随风转动。

（6）根据各工程应急救援预案，配备应急物资储备、备品备件及专项物资，加强日常维护。防沙尘暴袭击的同时，注意防火、防寒、防触电、防交通事故、防道路阻塞事故发生。

（7）沙尘暴预警期间车辆不得出行，若情况紧急必须出行时，应配备有经验的驾驶人员驾乘两车以上同时出行，并配置导航定位设备和应急物资，提前规划行车路线，规避风口、有沙埋风险的路段。遇强风时应选择无沙埋风险的地点停车避风。

（8）施工现场应做好开挖堆土、水泥、砂石材料等的覆盖工作，施工场地及周边洒水降尘。

（9）项目部应作好临时设施加固工作，重要文件、档案资料、图纸、财务单据、办公设备的保管和保护措施，作好计算机重要资料的备份工作。

（10）应确保应急通信网络运转正常，通信设备电量充足，应急状态下信息畅通。

（11）当灾害过后，及时组织人员对遭到破坏的设施设备、用电线路等进行维护、维修和加固，疏通道路、机械设备归回原位。恢复被破坏的设施、材料，进行清理现场等工作时，要充分辨识恢复过程中存在的危险，当安全隐患彻底清除，方可恢复正常工作状态。

9.2.2　变电站施工主要防范措施

（1）变电站临建设施、拌和站、储料棚等结构本身高大、重量轻的建（构）筑物，应对结构本体再进行外加固，增大结构的整体刚度，四周外加缆风绳增大结构抗风性能。

（2）进行基础施工的变电站工程，应及时覆盖基础，对新浇筑的混凝土做好保温防沙措施；土建完毕的工程应对临时孔洞进行封堵，防止风沙进入建筑内部。对屏柜等精密设备进行有效覆盖，防止沙尘进入设备。

（3）对已搭设的脚手架及物料提升机应进行全面检查及加固

处理。建筑物外脚手架满挂密目安全滤网，起阻止扬尘扩散作用。

（4）对易受沙尘暴侵害的设备采取防沙尘措施，如端子箱、机构箱中的电子元件、暴露关键部位的电气设备、继电保护屏柜、控制室电缆沟口等。

（5）露天工作的大型机械设备，应停留在较为固定的位置，各类施工操作棚应增设缆风绳，缆风绳的设置要合理并符合规定，避免被大风刮起，造成其他设备、设施的损坏。

（6）露天堆放的各种材料应设置整齐、稳妥，模板、竹夹板、圆形储物桶等堆放高度不宜过高，且应加固处理；小型机械设备、易转移材料应移至仓库存放；对不易入库的应进行整理、固定、覆盖，做好防风沙等措施；水泥、石灰等易扬尘的细颗粒材料，统一存放在密闭的容器、库房内或用篷布严密遮盖，运输时采取密封措施，防止沿路泄漏、遗洒。

（7）各种宣传牌、标识牌、警告牌等应可靠固定，必要时可以临时拆下保存。项目部应及时关闭好门窗，以防止沙尘进入室内。施工现场建立洒水降尘制度，配备洒水设备，指定专人负责，每天不少于两次洒水降尘，及时清理浮土。施工主要道路及时洒水降尘，室内应洒水或用湿墩布拖地等方法清理灰尘，保持空气湿度适宜，以免尘土飞扬。

（8）对进场设备进行防风沙覆盖，增设防倾覆措施，对于体积大、重量轻的物品尤其要妥善安置。正在施工的主变压器及 GIS 安装作业应对防尘棚进行加固，增加多重防尘设施。

（9）现场应做好发电机、应急灯等应急物资储备；食堂应适当储备粮食、干粮、熟食、水以及必备生活用品等。沙尘暴天气空气干燥，易引发火灾，应加强防火灾事故应急准备工作。

9.2.3　架空线路施工主要防范措施

（1）六级及以上强风、沙尘暴灾害，应停止一切高处作业，所有高处作业人员必须撤离到地面安全处，对于邻近山坡边、崖边、易滚落的浮石山体等处的土石方作业应立即停止作业，全体人员撤离至安全区域。

（2）已开挖的基坑应对开挖出的堆土进行覆盖，坑口进行覆盖遮挡，尽量减少沙埋对工程的影响，灌注桩施工钻机应用缆风绳对称张拉加固钻机，停钻时将钻头提出孔外安全放置，灌注混凝土的漏斗、吊具等均应稳固可靠。

（3）现场水泥、砂、石等施工原材料在现场应可靠存放，做好下铺上盖的措施，防止沙尘污染。螺栓、联板等小型塔材铁件及线路金具应及时入库，必须现场存放的应妥善保管，防止沙埋丢失。

（4）新浇筑的混凝土应采用一层塑料薄膜外加一层土工布覆盖保护，应有防止气温骤降的保温措施。

（5）已组立的抱杆应严格按施工方案要求，做好相应的内外拉线及螺栓的紧固工作；对邻近带电线路附近的铁塔，应将所有绳索拉至塔身进行可靠锚固，防止被大风刮向带电线路。

（6）检查所有的线路施工跨越架，针对性采取对应的加固措施。对 35kV 及以上的带电跨越架、高速公路、铁路跨越架或高度超过 15m 的跨越架，有条件的应拆除；对尚在搭设中的跨越架应暂停搭设工作，并打设好相应的拉线。

（7）六级及以上强风、沙尘暴，必须停止一切导、地线及光缆的展放，对已经展放出去的导、地线及光缆必须立即临锚，临锚应采取双锚或过轮临锚与地面锚线配合措施固定，对于重要交叉点越线架的风偏值，应取历史最大风偏值加安规距离加安全裕度。

（8）牵张机、绞磨、液压机、发电机等动力设备应覆盖并采取可靠固定措施。大型吊机、塔吊的吊臂应下地，做好防倾倒措施。

（9）施工现场所有的临时遮盖帐篷、看管帐篷、工具房等临设，必须采取可靠盖压、固定措施，以防被强风、沙尘暴掀起，如分析判断无法应对强沙尘暴的帐篷、工具房应立即拆除。

（10）沙尘暴发生时应及时组织施工人员撤离现场，施工人员不得在坑内避风。撤离时驾驶机动车应低速慢行，能见度太差时，要及时开启大灯、雾灯。必要时驶入紧急停车带或在安全的地方停靠避风。

9.2.4 电缆线路施工主要防范措施

（1）正在进行浇筑的电缆井、电缆沟应做好成品保护措施，用塑料薄膜和土工布进行覆盖。作业现场应做好安全围护和孔洞覆盖工作，安全警示、标志齐全、醒目。

（2）正在施工的电缆隧道应及时撤出所有材料及设备，切断供电电源，封闭隧道出入口，并做好明显标识。

（3）已开始电缆敷设施工的应尽快完成敷设，若无法在沙尘暴来临前完成敷设施工的，应做好防风防沙工作。电缆头制作应搭设防尘棚。

（4）已上塔的电缆应采用增加电缆抱箍的方式做好固定工作，干式电缆终端应采用刚性材料临时固定。电缆套管应及时封堵。

（5）沙尘暴过后应对放好的电缆进行绝缘测试，检查沙尘是否对电缆绝缘产生影响。

9.3　避险措施

（1）沙尘暴发生期间，各级基建管理人员应在确保安全的情况下，及时到岗到位，实施 24h 值班。

（2）安排落实抢险物资及抢险车辆，各类抢险队伍处于待命状态，能在 24h 内调用。

（3）落实公司防沙尘暴会议确定的基建工程其他各项准备工作。

9.4　恢复施工措施

（1）在确保安全的前提下，现场应第一时间掌握在建工程受灾灾情，及时做好信息报送工作。

（2）根据灾情制订抢修恢复计划，包括安全措施、技术措施、人员、抢修物资等内容。

（3）根据灾情严重程度，必要时向上级部门提出外部支援请求，负责现场工作安排与协调管理，做好工程抢险的后勤保障工作。

（4）现场巡查和抢修人员应及时上报灾损和抢修进展情况，应加强内部各专业部门之间的信息共享。

（5）加强复工工作的安全管理和监督，落实到岗到位工作要求，严格"施工作业票"制度执行，加强作业现场安全监护，必要时增设专职监护人。

（6）相应部门及时统计灾害损失，会同相关部门（安监、财务）核实、汇总受损情况，按保险公司相关保险条款理赔，留存照片或视频作为受灾的佐证。

第10章

森 林 火 灾

10.1 森林火灾的定义及影响

10.1.1 森林火灾的定义

火灾是指在时间或空间上失去控制的燃烧。在各种灾害中，火灾是最经常、最普遍的威胁公众安全和社会发展的主要灾害之一。

森林火灾，是指失去人为控制，在林地内自由蔓延和扩展，对森林、森林生态系统和人类带来一定危害和损失的林火行为。森林火灾是一种突发性强、破坏性大、处置救助较为困难的自然灾害。

按照受害森林面积和伤亡人数，森林火灾分为：一般森林火灾、较大森林火灾、重大森林火灾和特别重大森林火灾。

一般森林火灾：受害森林面积在 1 公顷以下或者其他林地起火的，或者死亡 1 人以上、3 人以下的，或者重伤 1 人以上 10 人以下的（"以上"包括本数，"以下"不包括本数，下同）；

较大森林火灾：受害森林面积在 1 公顷以上、100 公顷以下的，或者死亡 3 人以上、10 人以下的，或者重伤 10 人以上、50 人以下的；

重大森林火灾：受害森林面积在 100 公顷以上、1000 公顷以下

的，或者死亡 10 人以上、30 人以下的，或者重伤 50 人以上、100
人以下的；

特别重大森林火灾：受害森林面积在 1000 公顷以上的，或者
死亡 30 人以上的，或者重伤 100 人以上的。

10.1.2　影响范围

我国幅员辽阔，各气候区所出现的火灾多发季节并不相同，但
是却相对稳定，只是在火灾多发季节来临与结束的时间上稍有一些
提前或推迟。以秦岭为界，南、北方的火灾季节有一定的差异。北
方地区的火灾主要出现在春、秋两季，气候干燥，植物生长慢，含
水率低，易燃烧；夏季降水量多，气候湿润，植物生长旺盛，枝叶
茂密，含水率高，而冬季冰雪覆盖大地，不易燃烧。南方地区火灾
季节多出现在低温干旱的冬季和春季，一般是从 11 月至翌年的 4
月，而 5～10 月大部分时间处于雨季不易燃烧。

就全国各地区 4 个等级的森林火灾发生次数及分布来看，各地
区森林火灾等级主要集中在一般森林火灾和较大森林火灾两个等级
内，不同等级的森林火灾在每个地区的发生次数存在显著的差异。

国家电网公司系统一般森林火灾发生次数相对较多的地区主
要有湖南、湖北、河南、浙江、福建和江西。重大森林火灾主要发
生在内蒙古、黑龙江、福建等地区，但湖南、浙江也偶尔发生；特
别重大森林火灾基本只在内蒙古和黑龙江发生。

10.1.3　主要灾害影响

森林火灾会给森林带来严重危害。森林火灾位居破坏森林的三
大自然灾害（火灾、病害、虫害）之首。它不仅给人类的经济建设

造成巨大损失，破坏生态环境，而且还会威胁到人民生命财产安全。具体表现在以下几个方面：

（1）烧毁林木及林下植物资源。森林一旦遭受火灾，最直观的危害是烧死或烧伤林木。一方面使森林蓄积下降，另一方面也使森林生长受到严重影响。此外，林下还蕴藏着丰富的野生植物资源，如长白山林区的人参、灵芝等是珍贵药材，森林火灾能烧毁这些珍贵的野生植物，或者由于火干扰改变其生存环境，使其数量显著减少甚至灭绝。

（2）危害野生动物。森林是各种珍禽异兽的家园，森林遭受火灾后，会破坏野生动物赖以生存的环境，有时甚至直接烧死、烧伤野生动物。

（3）引起水土流失。森林具有涵养水源、保持水土的作用。然而，当森林火灾过后，森林的这种功能会显著减弱，甚至会消失。因此，严重的森林火灾不仅能引起水土流失，还会引起山洪暴发、泥石流等自然灾害。

（4）引起下游河流水质下降。森林多分布在山区，一旦遭受火灾，林地土壤侵蚀、流失要比平原严重。大量的泥沙会被带到下游的河流或湖泊之中，引起河流淤积，并导致河水中养分的变化，使水的质量显著下降。此外，火烧后的黑色物质大量吸收太阳能，使得下游河流水温升高，鱼类（特别是冷水生存的鱼类）容易染病，导致大量死亡。

（5）引起空气污染。森林燃烧会产生大量的烟雾，其主要成分为二氧化碳和水蒸气，另外还会产生一氧化碳、碳氢化合物、碳化物、氮氧化物及微粒物质。除了水蒸气以外，所有其他物质的含量超过某一限度时都会造成空气污染，危害人类身体健康及野生动物的生存。

（6）威胁人民生命财产安全。全世界每年由于森林火灾导致千余人死亡，林区的工厂、房屋、桥梁、铁路、输电线路、畜牧、粮食等常常受到森林火灾的威胁。

（7）威胁电力设施，引发电力安全事故。森林火灾发生后，火点附近的单个构件受到火的直接灼烧会使混凝土爆裂脱落，变电工程中的梁柱或线路混凝土基础表面大面积龟裂、混凝土保护层剥落露筋。对于线路工程而言，未使用的钢筋材料，受热温度大于 200℃时，钢筋的抗拉强度、屈服点和弹性模量均有变化，总的来说钢筋呈现脆性，尤其是受热温度大于 600℃时钢筋会使冷拔低碳钢丝强度大幅下降 40%左右，因此，森林火灾将严重影响变电工程的梁、板、柱，影响线路工程的基础、塔材和导线机械性能，一旦发生火灾，将对电力工程形成毁灭性破坏。此外，处于林区的输电线路在火灾发生后，将烧毁绝缘子，使得导线弧度变大，若工程已投运则极易导致相间或对地短路，导致大面积电网停电。

10.2 防范措施

10.2.1 通用要求

（1）工程设计应考虑工程建设期间的防火要求，纳入设计说明中，电力设施应考虑设置合理的防火隔离带，确保交流线路对植被的净空距离为 8～14m、直流线路对植被的净空距离为 12～17m。变电站应进行防火分区设置，建设期间应按照设计防火要求，在建构筑物施工、设备安装时，同步落实防火设施、设备的施工和安装。林区、山区、草地区域的电缆应选择耐火型或阻燃型电缆。新建架空电力线路需穿过林区时，应当按国家有关电力设计的规程砍伐通道，或者在重点区域种植比较低矮且不易燃烧的灌木，能够起到较好的防护效果。

（2）施工现场要建立健全安全防火制度，建立消防组织机构，确定防火责任人，并建立义务消防队。

（3）各参建单位应开展森林防火宣传活动，设置森林防火警示宣传标志，并对进入施工范围的相关人员进行森林防火安全宣传。

（4）林区内的施工项目部应配备兼职护林员，干燥、大风及特定时间内进行巡视，发现吸烟、上坟烧纸、烧荒、野炊、燃放烟花爆竹等违法野外用火行为，及时劝阻、制止并上报。

（5）对施工区域内的重点进山路口和重点防火区域进行火源管控，无关人员不得携带火种，杜绝一切野外用火，不得在森林中进行使用真火的防火演练。

（6）施工现场及项目部应配置一定数量的森林防火服（扑火服），防火隔热的衣服、裤子、头盔、靴子、手套等，供施工人员抢险及逃生使用，并配备正压式呼气器、逃生面罩、防烟眼镜等设备，以防人员在森林火灾中中毒、窒息。

（7）施工组织设计应含有消防安全方案及防火设施布置平面图，项目部及施工现场至少设置两个及以上的不同方向出入口。参建人员应提前熟悉平面布置及逃生路线，熟悉项目部及变电站的电源开关设置、门窗开合方式。

（8）工程参建人员开工前应熟悉现场，查明施工区域内的火灾避险有利地形，如河流、湖泊、公路、砂石裸露地带等区域。

（9）防火责任单位应当在森林火灾危险地段开设防火隔离带，防火隔离带上不得放置易燃易爆危险品及杂物，并组织人员进行巡查、看护。

（10）进行森林防火安全教育培训，施工现场及项目部应配置一定数量的与森林火险相关的书籍，包括火灾扑救操作技能、扑救安全知识、逃生避险常识等内容。开工前请专业人员进行火灾知识的讲解及培训，未经培训的不许进入林区作业。

（11）编制专项应急处置方案、并按照已审批的处置方案要求储备应急物资和进行应急演练。

（12）动火作业严格执行审批制度，应持有操作证和动火证，并配备动火监护人员和灭火器具。动火前，要清除周围的易燃、可燃物，必要时采取隔离等措施，作业后必须确认无火源隐患后方可离去。动火证当日有效并按规定开具，动火地点变换，要重新办理动火证。

（13）施工现场使用的电气设备必须符合防火要求。总电源电缆应选择防火耐热型，施工临时电缆路径应合理选择，宜采用地下深埋方式，埋深不小于0.7m，并做好标识。临时用电设备必须安装过载保护装置，电源箱内不准使用易燃、可燃材料。严禁超负荷使用电气设备。

（14）行驶在林区、草原的各种机动车辆，必须安设防火装置，采取一切有效措施，严防喷火、漏火。发电机保证接地可靠，其他野外生产机械设备，也要安设防火装置，严禁操作人员违章作业，防止失火。

（15）乙炔瓶和氧气瓶的存放间距不得小于 2m，使用时距离不得小于 5m，同时使用乙炔瓶和氧气瓶进行气焊、切割等作业时，应分开、垂直放置并有防倒措施，两瓶与明火作业距离不小于 10m。氧气瓶、乙炔瓶、液化气罐等设备上的安全附件应完整有效，否则不得使用。

（16）易燃易爆危险品采购时，应向供货方索要有关安全数据、使用要求和安全注意事项等说明。施工现场易燃易爆危险品应存放于专用库房内，库区尽量远离办公区及生活区，库区应阴凉通风，堆放要牢固，并标识清楚，并配备相应的安全设施和应急器材。施工现场存放易燃、可燃材料的库房不得使用明露高热的强光源。库存易燃易爆危险品数量不宜过多，随用随进。易燃易爆危险品领用离开库区时，管理人员应认真核对品名、数量、标识和规格，向领用人做技术、使用要求、安全注意事项的交底，并对发放人、领用人、领用数量和日期进行登记。

（17）消防器材及消防设施配置：作业现场及驻地必须配置灭火器、消防铲、消防斧、消防桶。灭火器数量应当满足扑灭初期火灾的需要，临时搭设的建筑物区域内每 $100m^2$ 配备不少于 2 只 10L灭火器。作业现场及驻地具备可靠水源的应当采用桶、池等方式储备消防用水。不具备水源条件的，应当储备消防用砂。消防用水不应低于 $2m^3$，消防用砂不得少于 $1m^3$，并定期检查保持干燥；防灾灭火物资使用、失效后应及时补充和更换；临时堆放易燃易爆危险品的房间等，每 $25m^2$ 配备不少于一只灭火器。对消防设施、器材定期进行检查维护，作业人员熟练掌握消防器材、设施的使用方法。监理项目部、施工项目部的各种检查中应当对防灾灭火物资的情况进行检查。

（18）施工现场及项目部应按要求设置灭火器，灭火器应设置在明显的位置，如房间出入口、通道、走廊、门厅及楼梯等部位。灭火器的铭牌必须朝外，方便直接看到灭火器的主要性能指标和使用方法。手提式灭火器设置在挂钩、托架上或消防箱内，其顶部离地面高度不应大于 1.5m，底部离地面高度不宜小于 0.15m。

（19）施工现场内应设置临时消防车道，临时消防车道与在建工程、临时用房、可燃材料堆场及其加工场的距离不宜小于 5m，且不宜大于 40m；施工现场周边道路满足消防车通行及灭火救援要求时，施工现场内可不设置临时消防车道。临时消防车道的设置应符合下列规定：临时消防车道宜为环形，设置环形车道确有困难时，应在消防车道尽端设置尺寸不小于 12m×12m 的回车场；临时消防车道的净宽度和净空高度均不应小于 4m；临时消防车道的右侧应设置消防车行进路线指示标识；临时消防车道路基、路面及其下部设施应能承受消防车通行压力及工作荷载。

（20）施工现场内应设置临时消防救援场地，应符合下列规定：临时消防救援场地应在建工程装饰装修阶段设置；临时消防救援场地应设置在成组布置的临时用房场地的长边一侧及在建工程的长边一侧；临时救援场地宽度应满足消防车正常操作要求，且不应小于 6m，与在建工程外脚手架的净距不宜小于 2m，且不宜超过 6m。

（21）建立健全应急值班制度。应急值班应当在指定地点值班，应急值班人员不得擅离职守；必须保证应急通信畅通，要保证市话、移动通信和卫星通信方式均处于良好畅通状态。移动通信网络覆盖的施工作业点必须保证移动通信畅通，移动通信网络未覆盖的施工作业点应当采取卫星通信方式确保通信畅通。

（22）总承包单位需与分包单位签订森林防火专项安全协议；分包单位需与作业人员签订安全承诺书。施工项目部应与其他入场人员签订防火公约。

（23）原则上不允许在林区住宿，若特殊原因需在林区住宿的需到监理部及业主项目部备案；林区住宿的，不得有火种，不得配置炊事用具，不得生火做饭烧水，必须采取有效防火隔离措施并配置充足防火灭火物资，必须经监理单位验收合格，现场指挥部同意后方可住人。

（24）施工现场措施：现场应设置各种防火标识；不得在施工现场动用明火做饭、烧水等；不得携带火种、易燃易爆物品等进入施工林区；不得在施工作业现场吸烟；在进入林区路口设置火种收集点；施工营地及林区施工现场内严格执行人走电断制度，随时检查电气线路、设备的安全运行状况，不违章用电；汽油、柴油等挥发性物品不得靠近火源或在烈日下曝晒；在林区、牧区动用明火或进行焊接前，应经林业、牧业部门批准，划定工作范围，清除易燃杂物，并设专人监护；在林区设置营地需到监理及业主项目部备案；索道运输时，钢丝绳不得与树木有摩擦；检查消防通道是否畅通。

（25）建立举报平台，林区内发现使用明火、吸烟等违章现象应及时举报并制止。

（26）奖励与处罚，需建立奖惩制度，并督促执行。

10.2.2　变电站施工主要防范措施

（1）林区附近的站址选择应符合相关文件和设计规范要求，变电站在进行"四通一平"施工时，应同步建设防火隔离带，隔离带距离应满足要求，在林区、牧区的施工现场必须有消防水源。

（2）在允许的条件下，应在林区外的安全地带搭建变电站生活区；必须驻站时，应选择在站区内安全出口处搭建，并建立夜间值班制度、配置报警设施；进出站施工人员应每日统计，建立台账。

（3）火灾发生时，应根据火势、风向按应急预案选择正确的应对措施。火势较小，风速不大，有足够逃生时间时，现场负责人应指挥专人启动防火措施、关闭建筑物门窗、关闭电源总闸。

（4）夜间发生火灾时，值班人员应立即拉响告警，总负责人按照应急预案要求立即组织现场人员逃生，逃生通道应设置有夜光信号指示。

（5）采用热熔法施工屋面防水层，施工现场严禁烟火，并配置充足有效的消防器材；作业人员应正确使用喷灯，避免溢油发生火灾。

（6）主变压器进行油务处理，主变压器本体、储油罐及滤油机等设备应可靠接地，作业区域内应无易燃物或明火作业，并设置安全防护围栏、安全标识牌和消防器材。

（7）变电站内电缆沟道在敷设电缆后，应及时封堵。

10.2.3　架空线路施工主要防范措施

（1）林区附近施工作业时，作业允许的区域内设置防火隔离带，可采用隔离挡板或黄土覆盖等形式，清除隔离带及周围易燃物品及杂物。

（2）在允许的条件下，应在林区外的安全地带搭建人员驻站，建立夜间值班制度、配置报警设施；每日统计进出每个作业点的人员，建立台账。

（3）山区、林区架空线路基础土石方爆破作业时应使用电雷管，不得使用火雷管。

（4）山区、林区架空线路基础冬期养护不得使用煤炉、燃气等明火升温装置。

（5）在施工和已完工塔体、金属跨越架、抱杆系统应可靠接地，使用中的施工机械金属外壳应可靠接地。

（6）牵张场的设置应尽量避开树木较多的林区。

（7）林区、山区、草地施工现场，严禁吸烟及使用明火，严禁生火取暖和做饭。

10.2.4　电缆线路施工主要防范措施

（1）隧道有限空间保证通信畅通，全员配备移动照明设备，发生火灾及时通知隧道内的施工人员撤离。

（2）电缆附件安装加热矫直过程中，电缆加热全程需专人看护，矫直绑扎完成待电缆完全冷却后，施工人员才能离开。

（3）现场擦拭绝缘、外护套使用的酒精、丙酮等易燃易爆危险品，不得使用玻璃瓶存放，应换装成专用塑料瓶存放，避免因玻璃瓶破损导致的危险品泄露。

（4）电缆穿越隧道隔墙是应使用防火堵料封堵，封堵应严实可靠，不应有明显的裂缝和可见的孔隙。

（5）特别重要的电缆线路或区段，对直接暴露在自然环境中的电缆应增加防火涂料或防火包带，必要时使用高强防爆耐火槽盒进行保护。

（6）防火涂料应按一定浓度稀释，搅拌均匀，并应顺电缆长度方向进行涂刷，涂刷厚度、次数、间隔时间应符合材料使用要求。包带在绕包时，应拉紧密实，缠绕层数、厚度应符合材料使用要求；绕包完毕后，绑扎牢固。

10.3 避险措施

（1）工程建设期间应做好森林火灾的预防及准备工作。严格执行防范森林火灾的各项措施，建立健全消防安全制度，开展消防安全宣传活动，特殊季节及时间段做好森林巡视，严格进行火源管理，动火作业、施工设备及材料符合要求，配备必要的消防器材及抢险、逃生用品。

（2）关注工程地点的天气状况及当地新闻，通过当地政府或林业主管部门的发布平台和广播、电视、报纸、互联网、手机短信等渠道及时获取森林火险预警信息，根据预警信息调整巡视计划、增加防火装备、修订施工任务。当气象预报森林火险预警等级为橙色预警或红色预警时，应对线路上风向测的树木喷洒阻燃剂，或者按规定对树木进行砍伐。

（3）发生火灾后要迅速拨打火警电话"119"，电话接通后，应讲清楚着火地点、火势情况、自己姓名、所在单位和电话号码；报警后派专人指引救火路线，确保第一时间到达起火点。

（4）火灾发生后立即断开现场电源，人员迅速撤离，撤离后清点人数。

（5）扑救森林火灾，应当坚持以人为本、科学扑救，及时疏散、撤离受火灾威胁的员工，并做好火灾扑救人员的安全防护，尽最大可能避免人员伤亡。

（6）当扑火人员发现火势增大、对扑火人员构成威胁时，要果断决策，迅速选择突围和避火线路，避免发生人身伤亡事故。

（7）避险应首先考虑利用附近的河流、湖泊、公路、沼泽、砂石裸露地带及植被稀少地域等有利地形避险，避险人员要相对分散，不宜过于集中。

（8）当现场人员被森林草原火包围，无有利地形避险，可采取强行冲越火线进入火烧迹地内避险。冲越火线时，要选择地势相对平坦、植被相对稀疏、火势较弱、火墙较窄的火线冲越。冲越时用衣服蒙住头部，采用跳跃的姿势，一口气冲过火线。进入火烧迹地内，迅速逆风蹲下，用湿毛巾捂住口鼻。

（9）当情况特别紧急，无法利用有利地形避险和冲越火线避险，可就地卧倒避险。卧倒避险是利用附近的小地形，如小沟、小块裸地等地形条件，采取就地卧倒的一种避险方式。速用手扒出湿土或用湿毛巾双手捂住口鼻，用防火衣物蒙住头部，卧倒在地，待火过后立即起立，视情况采取下一步处置方式。非不得已的情况下，原则上一般不采取此避险方法。

10.4　恢复施工措施

（1）在确保安全的前提下，应在第一时间掌握在建工程受灾灾情，统计电力设备、设施、材料的受损情况，制定修复或更换方案，及时做好信息报送工作。

（2）根据灾情制订抢修恢复计划，包括安全措施、技术措施、人员配置、物资准备等内容。

（3）根据灾情严重程度，必要时向上级部门提出外部支援请求，现场人员负责现场工作安排与协调管理，做好工程抢险的后勤保障工作。

（4）现场巡查和抢修人员应及时上报灾损和抢修进展情况，应加强内部各专业部门之间的信息共享。

（5）加强复工工作的安全管理和监督，落实到岗到位工作要求，严格"施工作业票"制度执行，加强作业现场安全监护，必要时增设专职监护人。

（6）相应部门及时统计灾害损失，会同相关部门（安监、财务）核实、汇总受损情况。

第11章

洪　灾

11.1　洪灾的定义、分类及影响

11.1.1　洪灾定义及分类

洪灾分为南方洪灾和北方桃花水（即北方洪灾），南北方洪灾特点有所不同。

（1）南方洪灾定义：洪灾是由于江、河、湖、库水位猛涨，堤坝漫溢或溃决，水流入境而造成的灾害。洪灾除对农业造成重大灾害外，还会造成工业甚至生命财产的损失，是威胁人类生存的十大自然灾害之一。

（2）北方桃花水定义：桃花水即桃花汛，指冬天接近尾声、桃花盛开的时候，因气温升高，高寒地区冰雪融化水汇集后造成江河水位暴涨的春水。

（3）洪水类型可分为河流洪水、湖泊洪水和风暴洪水等。其中，河流洪水依照成因不同，又可分为暴雨洪水、山洪、融雪洪水、冰凌洪水和溃坝洪水等类型。按洪水要素重现期，将洪水分为小洪水、中洪水、大洪水、特大洪水四个等级（小于 5 年、5～20 年、20～50 年、大于 50 年）。

11.1.2 影响范围

（1）南方洪水的影响范围：我国大约 3/4 的国土面积存在着不同类型和不同程度的洪水灾害。防洪重点为东部平原地区，如辽河中下游、海河北部平原、长江中游（江汉平原、洞庭湖区、鄱阳湖区以及沿江一带）、珠江三角洲等。另外，东南沿海一些山区和滨海平原的接合部，也属于洪水灾害较严重的区域。

（2）北方桃花水的影响范围：桃花水原意指北方冬天独有的自然现象，每年春季，随着气温回升，覆盖在山头的大量积雪迅速融化，雪水汇聚成河，随山势而下，江河水位暴涨，造成洪涝灾害。高海拔严寒地区是预防桃花水灾害的重点地区。

（3）国家电网公司系统受洪水和桃花水影响的主要地区有北京、河北、山东、浙江、安徽、福建、湖北、湖南、河南、江西、四川、重庆、新疆、西藏、青海、辽宁、吉林、黑龙江、蒙东、宁夏、甘肃、陕西等省份。

11.1.3 主要灾害影响

洪水的冲刷和桃花水长期浸泡、渗透，易造成山体开裂、泥石流、滑坡、塌方、基础或地基下沉等灾害，可能对在建工程造成人员伤亡及财产损失。危害性主要有以下方面：

（1）基坑坍塌：基础基坑受洪水冲刷或桃花水长期浸泡后，使基坑边坡土质变成软弱土，边坡稳定性遭到破坏，易造成基坑坍塌灾害。

（2）基础或地基下沉：塔基或设备基础受洪水冲刷、桃花水浸泡，地基承载力下降，基础回填土及原地基土将出现不均匀沉降，造成杆、塔及设备倾斜。

（3）山体开裂、滑坡：因施工区域不同，各施工地点山体地质、地貌随之变化，斜坡上的岩土体随雨雪水、洪水浸泡后，含水量提高，山体自重加大，在重力作用下沿一定的软弱面（或软弱带）开裂或整体地向下滑动，对电网施工造成一定的灾害。

（4）设施破坏：洪水容易造成工程户外高大设备倒塌，造成工程构造物、堆置物、土石方、深基坑（槽）、活动板房等倒塌，以及道路冲毁、施工场地水淹、电气设备浸泡等损失。

（5）疾病暴发：洪水会造成水源污染、食品污染、媒介生物滋生等危害，容易导致肠道传染病、食物中毒、蚊蝇传染病、结膜炎、皮肤病的暴发。洪水流过疫源地，易引起某些传染病的流行，如防汛抢险、堵口复堤的抗洪人员与疫水接触，常爆发急性血吸虫病。

11.2　防范措施

11.2.1　通用要求

（1）成立以工程项目安全主要负责人为组长的防洪领导小组，落实业主、设计、监理、施工等单位的防洪责任。

（2）根据建设工程所在地实际情况，制定输变电工程防洪技术和管理措施。

（3）建立各相关人员的有效联系方式，与气象部门保持工作联系，密切关注洪水信息，确保信息传递及时、迅速，并保证24h通信畅通。

（4）现场应做好发电机、应急灯、沙袋、潜水泵等防洪应急物资的储备，台账明晰，专项保管。

（5）防洪交通、通信工具应确保处于完好状态，储备必要的生活物资和医药品。

（6）做好现场重要文件、档案资料、图纸、财务单据、办公设备的保护和转移措施，做好计算机重要资料的备份工作。

（7）洪水季节做好对露天区防洪设备设施、边坡围堰、坑底蓄水池、地表水渠、塌陷区、积水坑区域的隐患排查工作。

（8）加强对融雪量、周边江河水流量的观测，发现异常情况及时报告相关负责人，必要时向上级主管部门汇报。

（9）施工期间做好各施工区域的排水措施，及时引排、分流桃花水，并保持排水沟、泄洪沟的畅通。

（10）成立防汛特巡小分队，对特殊施工地段、运行线路等危险区域进行巡视，发现隐患及时处理。

11.2.2 变电站施工主要防范措施

（1）施工前期认真勘察变电站周边环境，根据当地桃花水的流量、流向等特点，提前采取合理的引流措施，引导桃花水流向周边河流或不影响变电站施工的低洼区域。

（2）施工期间变电站四周做好排水沟、挡水墙等预防性的排水、泄洪措施，并配备相应的排水应急设备。

（3）对未回填的基础应及时回填；未施工的深基坑做好支护加固及排水措施；新浇筑的混凝土应做好防浸泡措施；对已搭设的脚手架应进行全面检查及加固处理。

（4）所有围墙应做好墙间分缝的封堵。紧急时，应立即用沙袋将变电站大门和站内周边的排水孔进行封堵，并使用排水泵等设备全力向站外排水。

（5）露天大型机械设备，应停留在较为固定的位置，小型机械设备应移至仓库存放，对不易入库的设备应进行整理、固定、覆盖；机电设备机座均应垫高，不得直接放置在地面上，避免受淹。

（6）临建设施应设置在具有自然防汛能力的地点，材料站的各种材料应垫高、加固堆放，临建项目部要修缮加固，具有防淹没、防冲刷、防倒塌措施；临时施工电源要落实防水、防触电安全措施。

（7）变电站内已施工完成的排水设施及时接入市政排水设施，或按设计要求排出站外。

（8）运行人员做好站外排洪沟的日常巡检和清理工作，确保排洪沟的畅通。

11.2.3　架空线路施工主要防范措施

（1）基坑周边做好排水、引流措施，防止桃花水长期浸泡坑口或灌入基坑，造成基坑边坡坍塌。

（2）施工用临时拉线锚固点合理选择，避开冰冻融化及洪水流经区域，防止地锚区域的土质受冲刷、冻融或浸泡影响降低锚固强度。

（3）排查所有跨越点跨越架，针对现场情况采取加固或拆除措施。已组立的抱杆做好相应的内外拉线及螺栓的紧固工作。

（4）排查施工现场所有机械设备，重点检查大型机械设备的停放地面地基等关键区域，对存在问题的区域及时采取加固措施。牵张机、绞磨、液压机、发电机等动力设备应转移至高地，防止积水受淹；大型吊机、塔吊做好防水淹、防倾倒措施。

（5）对未安装的重要设备材料应加强防护，必要时入库存放。水泥、砂、石等原材料在现场应可靠存放，做好下铺上盖的防水措施。

（6）严禁在山区河道设置牵张场和各类临时设施，并对临时工棚、材料仓库等临时附属设施采取加固措施，在可能出现坍塌事故区域，及时转移物资和人员。

（7）已完成施工的对杆塔有倾斜苗头时，应及时增设临时拉线或采取其他应急措施。

（8）强降雨期间，线路运检人员加大巡检频次，及时掌握各塔基回填土及地基变化情况，疏通排、截水沟，如有滑坡、塌方、下沉等情况及时采取临时处理措施并上报。

11.2.4　电缆线路施工主要防范措施

（1）电缆井、电缆沟施工前做好地面的排水措施，防止雪水冲刷沟壁，造成塌方，对可能造成坠落的电缆井、沟开挖部分采取回填措施。

（2）正在施工的电缆隧道应及时撤出所有材料及设备，切断供电电源，封闭隧道出入口，并做好明显标识。

（3）已开始电缆敷设施工的应尽快完成，电缆两端应做好防水密封处理并抬高，以防止被水淹没。

（4）合理设置电缆井、电缆沟内的集水井，确保排水及时有效。

（5）地势较低可能被水淹没的工地应将材料转移至地势较高的场地进行堆放，发电机等电动设备应转移至地势较高的室内存放。

11.3　避险措施

（1）设计规划单位要结合当地气象水文资料和地质条件，合理选址、科学规划，避开桃花水流经区域。

（2）在初步设计阶段，优化场地设计标高，同时做好排水、分流、防洪等措施的设计工作。

（3）施工准备期间与当地气象部门取得联系，了解掌握当地气象条件，根据当地地质条件，科学规划施工现场，合理布置材料区、加工区、生活区。

（4）施工工期计划时，要充分考虑当地气象条件，基础施工、管道施工等地下作业项目尽量避开春季南方洪水和北方桃花水的高峰期。

（5）在接到防洪应急警报后，各级基建管理人员应按要求履职到位，实行 24h 值班制度。

（6）抢险物资、抢险车辆、抢险人员落实到位，确定避险计划和安排，确保能在 24h 内调用。

（7）针对易突发洪水的区域，要尽早开展风险辨识，施工现场配备可靠的通信工具，做好避险演练，确保施工人员的人身安全。

11.4　恢复施工措施

（1）及时掌握工程受灾情况，做好信息报送工作。

（2）根据灾情制订抢修恢复工作计划和安全技术措施，做好抢修准备。抢修施工时，严格执行"施工作业票"制度，加强作业现场安全监护，必要时增设专职监护人。

（3）恢复施工前，对各区域安全设施、机械设备、临时设施、施工电源等全面开展隐患排查工作，消除现场所有安全隐患。

（4）排查现场各作业区域安全防护措施，及时补充、恢复缺失的安全防护措施，确保施工安全。

（5）清点应急物资，按照应急处置方案要求，及时补充已消耗的物品及设备。

（6）加大灾后复工初期的过程监督力度，防止未排除的隐患再次造成伤害。

（7）参建单位及时统计灾害损失，会同相关部门（安监、财务）核实、汇总受损情况，整理灾害期间照片及视频资料，同时，统计灾害损失，及时上报相关部门。

（8）组织召开分析、总结会，对防灾避险工作防范措施、避险措施及应急措施等进行评价、分析，及时总结经验，采取 PDCA 循环管理的方式，逐步完善各项预防性措施。

（9）洪涝灾害期间，水源容易受到细菌、病毒、寄生虫卵、幼虫的污染，对饮用水在饮用前应采取煮沸或氯化的方法进行消毒。

（10）洪水过后极易发生肠道传染病和寄生虫病，要及时采取相应的应对措施，防止疾病的发生或蔓延。具体措施有：及时清理淤泥、垃圾和粪便，深埋动物尸体，疏通沟渠，填平坑洼，清除蚊、蝇滋生地，并喷洒消毒剂；使用消毒处理过的水，不喝生水；不吃被洪水浸泡过的粮食和腐败变质、生虫、过期、霉变的食物；避免赤足下地，减少与洪水接触的机会；身体不适，及时就医。

第12章

泥 石 流

12.1 泥石流的定义及影响

12.1.1 定义

泥石流是山区特有的一种自然地质现象。它是指山区沟谷中，由暴雨、冰雪融水或库塘溃坝等水源激发，形成的一种挟带大量泥砂、石块等固体物质的特殊洪流，是高浓度的固体和液体的混合颗粒，俗称"走蛟""出龙""蛟龙"等。它的运动过程介于山崩、滑坡和洪水之间，是各种自然因素（地质、地貌、水文、气象等）或人为因素综合作用的结果。

12.1.2 泥石流的分类

按流域的沟谷地貌形态，泥石流可分为沟谷型泥石流和坡面型泥石流。

12.1.3 形成泥石流的主要条件

形成泥石流的主要条件有土源条件（物源）、水源条件（动力条件）、地形地貌条件（能量条件）。

泥石流形成的前提是有大量的松散固体物质，物源条件不仅决定着泥石流的规模，在很大程度上也决定着泥石流的危害程度及范围。水分在泥石流形成过程中具有多重作用。首先，降雨过程中随着水分的下渗，土体的强度（随着含水率的变化）也开始波动，如果土体的前期含水率过低，随着水分的下渗，土体的强度变化趋势为先增大后减小。如果土体的前期含水率很高，那么土体的强度会随着水分的下渗而降低。其次，降雨为泥石流启动提供了初始的动力，是松散固体物质由势能转化为动能的重要影响条件。最后，在强降雨过程中，随着坡面产流，坡面径流不断掏蚀坡面及沟道两岸的物质，使泥石流的性质发生改变。地形地貌条件主要是体现在沟坡比降和高差对泥石流形成的影响。

临界条件主要有：临界地形坡度（能量转化条件）、临界土源厚度（物源条件）和临界降雨激发条件（动力条件）。

一般来说，比降较大的坡面有利于泥石流的形成，一个流域内，泥石流首先在坡度较大的坡面产生，而后再汇入沟道。但是泥石流的发生与坡度并不是完全的正相关关系，当坡度过大时（>45°），坡面松散物质很难稳定，即使在没有降雨的条件下，松散固体物质的重力足以克服阻力，而发生垮塌或者崩塌。当坡面的坡度过小时（<15°），很难满足泥石流启动所需的能量条件，因此泥石流的启动就需要更大的初始动力，这就需要更大更久的降雨才能发生泥石流。大多数泥石流沟道比降通常较坡面坡度较小，泥石流汇入沟道后能否继续发展，取决于沟床的比降，较大的沟床比降更有利于泥石流固体物质的能量转换，沟床比降在很大程度上决定着泥石流的运动速度，同时也决定着泥石流的规模及其对下游的危害程度。参照有关文献，流域的地形坡度可大致划分为四个等级，即<10°、

10～25°、25～45°、>45°。地形坡度对泥石流发生的影响较大。

土源厚度是泥石流形成的主要因素之一，依据泥石流观测研究的数据，经统计分析可知在暴雨作用下，泥石流形成的临界土体厚度约为15cm。

泥石流的临界雨量对于泥石流的形成十分重要，临界雨量的作用在于使大于临界厚度松散土体的含水量增加，有时达到饱和，从而大大降低土体的强度，使土体的孔隙水压力迅速增加，土体液化而强度快速降低并产生泥石流。临界雨量前后的降雨在整个泥石流的形成过程的不同阶段所起的作用不同，当降雨量小于临界雨量时，土体的含水率随着降雨量的增加而增加，土体的强度也会随着含水率的变化而同步变化，总的变化趋势是先增加后减少。因此，临界降雨量是与土体的极限强度密切相关的。不同密度、不同前期含水率、不同颗粒组成的土体随含水率的变化规律也是不同的。

12.1.4　泥石流的影响范围

根据泥石流形成的自然环境以及泥石流的类型与活动特点的差异，泥石流主要分布在以下6个区域：

（1）青藏高原边缘山区。青藏高原南部和东南部边缘山区是我国冰川类泥石流最发育地区。

（2）横断山区和川滇山区。这一地区是降雨类泥石流最发育地区。

（3）西北地区。包括祁连山、天山和昆仑山山地多爆发大型冰雪融水型泥石流。

（4）黄土高原山区。黄河上游两岸、渭河两岸以及陕北、陇东、晋南等地都曾发生灾害泥石流。

（5）华北和东北地区。秦岭东段的华山地区、河北太行山区、北京西山地区、辽西辽南和吉南山地多形成非粘性的水石质泥石流。

（6）东南部山区。秦岭、大别山以南，云贵高原以东的中国南方山地以及江西、福建一带山地均曾发生灾害泥石流。

泥石流危害很大，应根据泥石流的分布特点和分布区域，做好泥石流的防治工作，防止人民生命财产造成重大损失。

12.1.5　泥石流对输变电工程的危害

泥石流常常具有暴发突然、来势凶猛、迅速的特点，并兼有崩塌、滑坡和洪水破坏的双重作用，其危害程度往往比单一的滑坡、崩塌和洪水的危害更为广泛和严重。对于输变电工程，它的危害主要体现在以下三点：

（1）冲毁、淤埋变电站等永久建筑物，冲毁输电塔杆，造成设备事故。

（2）冲毁输变电工程项目部及施工驻地等工作生活区，造成重大的人身伤亡事故。

（3）埋没车站、铁路、公路、摧毁路基、桥涵等设施，致使交通中断，还可引起正在运行的火车、汽车颠覆，造成重大的人身伤亡事故。

12.2　防范措施

（1）设计规划部门要从源头上规避泥石流的影响，在项目选址时应避让易引发泥石流的地区，线路走向不应选址在易发生泥石流的下方。在初设阶段需开展地质灾害危险性评估，确保输变电工程的地质安全。

（2）与当地气象部门及政府相关防地质灾害部门建立联系，及时掌握降雨及泥石流预警信息。如无上述条件，应在泥石流沟主要集雨点设置自动雨量监测设备，配备职能部门进行监测及预警。

（3）在项目部和施工驻地选择时，应选择安全地带设置安全屋，并修建连接至安全屋的通畅的逃生通道。配备专用的泥石流撤离报警装置及通讯设备，快速有序撤离。撤离前应保证电源关闭，相关供电工作安全停止。

（4）编制防止泥石流的应急处置方案，开展有针对性的应急演练，在项目部和驻地设置标示牌，标明撤离路线、应急联系人等。

（5）在有条件的项目部或人员驻地周围，设置排水沟、截水沟等预防措施。

（6）收到泥石流预警后，应停止人员外出巡视。

12.3　避险措施

发生泥石流时，应立即启动应急预案，全体参建人员应立即撤离泥石流现场，做到快速有序、联系畅通，并重点注意以下几点。

（1）站至高地：沿山谷徒步时，一旦遭遇大雨，要迅速转移到附近安全的高地，离山谷越远越好，不要在谷底过多停留；发现泥石流后，要马上与泥石流成垂直方向向两边的山坡上面走，尽量不要往泥石流的下游走；要选择平整的高地作为营地，尽可能避开有滚石和大量堆积物的山坡下面，不要在山谷和河沟底部扎营。

（2）远离源区：注意观察周围环境，特别注意是否听到远处山谷传来打雷般声响，如听到要高度警惕，这很可能是泥石流将至的征兆。

（3）灾害过后，恢复被破坏的设施、材料，进行清理现场等工作时，要充分辨识恢复过程中存在的危险，当安全隐患彻底清除，方可恢复正常工作状态。

（4）各单位应及时统计灾害损失，会同相关部门（安监、财务）核实、汇总受损情况，按保险公司相关保险条款理赔，留存照片或视频作为受灾的佐证。

（5）应急抢险工作完成后，相关单位应对过程各项工作的经验教训进行总结，对应急方案各项组织技术措施的适用性进行评估，及时修订完善应急处置方案。

第13章

滑　　坡

13.1　滑坡的定义及影响

13.1.1　滑坡的定义

滑坡是斜坡岩土体沿着贯通的剪切破坏面所发生的滑移现象。滑坡的机制是某一滑移面上剪应力超过了该面的抗剪强度所致。滑坡的滑动面可以是受剪应力最大的贯通性剪切破坏面或带，也可以是岩体中已有的软弱结构面。规模大的滑坡一般是缓慢的、长期的往下滑动，有些滑坡滑动速度也很快，其过程分为蠕动变形和滑动破坏阶段，但也有一些滑坡表现为急剧的滑动，下滑速度从每秒几米到几十米不等。滑坡多发生在山地的山坡、丘陵地区的斜坡、岸边、路堤或基坑等地带。

13.1.2　滑坡的分类

一、按滑坡体的体积划分

（1）小型滑坡：滑坡体积小于 $10 \times 10^4 \mathrm{m}^3$。

（2）中型滑坡：滑坡体积为 $10 \times 10^4 \sim 100 \times 10^4 \mathrm{m}^3$。

（3）大型滑坡：滑坡体积为 $100 \times 10^4 \sim 1000 \times 10^4 \mathrm{m}^3$。

（4）特大型滑坡（巨型滑坡）：滑坡体体积大于 $1000 \times 10^4 m^3$。

二、按滑坡的滑动速度划分

（1）蠕动型滑坡，人们凭肉眼难以看见其运动，只能通过仪器观测才能发现的滑坡。

（2）慢速滑坡：每天滑动数厘米至数十厘米，人们凭肉眼可直接观察到滑坡的活动。

（3）中速滑坡：每小时滑动数十厘米至数米的滑坡。

（4）高速滑坡：每秒滑动数米至数十米的滑坡。

三、按滑坡体的度物质组成和滑坡与地质构造关系划分

（1）覆盖层滑坡，本类滑坡有黏性土滑坡、黄土滑坡、碎石滑坡、风化壳滑坡。

（2）基岩滑坡，本类滑坡与地质结构的关系可分为：均质滑坡、顺层滑坡、切层滑坡。顺层滑坡又可分为沿层面滑动或沿基岩面滑动的滑坡。

（3）特殊滑坡，本类滑坡有融冻滑坡、陷落滑坡等。

四、按坡体厚度分类

10m 以内浅层，10～25m 中层，25～50m 深层，50m 以上为超深层。

五、按滑坡体的厚度划分

（1）浅层滑坡。

（2）中层滑坡。

（3）深层滑坡。

（4）超深层滑坡。

六、按形成的年代划分

（1）新滑坡。

（2）古滑坡。

七、按力学条件划分

（1）牵引式滑坡。

（2）推动式滑坡。

13.1.3 滑坡对输变电工程的危害

滑坡对输变电工程建设的危害很大，轻则影响施工，重则破坏建筑；由于滑坡，常使交通中断，影响公路的正常运输；大规模的滑坡，可以堵塞河道，摧毁公路，破坏厂矿，掩埋村庄，对山区建设和交通设施危害很大。对于输变电工程，它的危害主要体现在以下三点：

（1）滑坡的突发性强，易冲毁、淤埋变电站等永久建筑物，冲毁输电塔杆，造成设备事故。

（2）冲毁输变电工程项目部及施工驻地等工作生活区，造成重大的人身伤亡事故。

（3）埋没车站、铁路、公路、摧毁路基、桥涵等设施，致使交通中断，还可引起正在运行的火车、汽车颠覆，造成重大的人身伤亡事故。

13.2 防范措施

（1）设计规划部门要从源头上做好防止滑坡灾害，在项目选址时应对滑坡体进行勘测，线路走向不应选址在易发生滑坡体的下方。在初设阶段需开展地质灾害危险性评估，确保输变电工程的地质安全，委托专业机构对滑坡进行评估和监测。

（2）选择安全场地修建房屋。选址是否安全，应通过专门的地质灾害危险性评估来确定。在规划建设过程中合理利用土地，必须避开危险性评估指出的可能遭受滑坡危害的地段。

（3）不要随意开挖坡脚。在建房、修路、整地、挖砂采石、取土过程中，不能随意开挖坡脚，特别是不要在房前屋后随意开挖坡脚。如果必须开挖，应事先向专业技术人员咨询并得到同意后，或在技术人员现场指导下，方能开挖。坡脚开挖后，应根据需要砌筑维持边坡稳定的挡墙，墙体上要留足排水孔；当坡体为黏性土时，还应在排水孔内侧设置反滤层，以保证排水孔不被阻塞，充分发挥排水功效。

（4）不随意在斜坡上堆弃土石。对采石、修路、基坑开挖过程中形成的废石、废土，不能随意顺坡堆放，特别是不能在房屋的上方斜坡地段堆弃废土。当废弃土石量较大时，必须设置专门的堆弃场地。

（5）管理好引水和排水沟渠。水对滑坡的影响十分显著。日常生产、生活中，要防止引排水渠道的渗漏，尤其是渠道经过土质山坡时更要避免渠水渗漏。一旦发现渠道渗漏，应立即停水修复。对生产、生活中产生的废水要合理排放，不要让废水四处漫流或在低洼处积水成塘。面对村庄的山坡上方最好不要修建水塘，降雨形成的积水应及时排干。

（6）应加强对滑坡前兆的学习，当出现以下地质状况时，应及时撤离现场：

1）滑坡前缘出现横向及纵向放射状裂缝，前缘土体出现隆起现象。

2）滑体后缘裂缝急剧加长加宽，新裂缝不断产生，滑体后部快速下座，四周岩土体出现松弛，小型坍滑现象。

3）滑带岩土体因摩擦错动发出声响，并从裂缝中冒出热气或冷风。

4）在滑坡前缘坡脚处，有堵塞多年的泉水复活现象，或出现泉水（井水）突然干枯、井（钻孔）水位突变异常现象。

5）动物惊恐异常，如猪、狗、牛、羊惊恐不安，不入睡，老鼠乱窜，植物变态，树林枯萎或歪斜等现象。

6）滑体上如有长期位移观测资料，临滑前，无论是水平位移量还是垂直位移量，均会出现加速变化的趋势。建在山坡上的房屋地板、墙壁出现裂缝，墙体歪斜。

（7）在项目部和施工驻地选择时，应选择安全地带设置安全屋，并修建连接至安全屋的通畅的逃生通道。配备专用的滑坡撤离报警装置及通信设备，快速有序撤离。撤离前应保证电源关闭，相关供电工作安全停止。

（8）编制防止滑坡的应急预案，开展有针对性的应急演练，在项目部和驻地设置标识牌，标明撤离路线，应急联系人。

13.3　避险措施

（1）当出现滑坡后，现场人员应及时按照应急预案的要求撤离，并保持通信畅通，各单位应立即启动应急预案，对滑坡灾害地区进行跟踪掌握，及时同现场人员取得联系，确保人员安全。

（2）灾害过后，恢复被破坏的设施、材料，进行清理现场等工作时，要充分辨识恢复过程中存在的危险，当安全隐患彻底清除，方可恢复正常工作状态。

（3）各单位应及时统计灾害损失，会同相关部门（安监、财务）核实、汇总受损情况，按保险公司相关保险条款理赔，留存照片或视频作为受灾的佐证。

（4）应急抢险工作完成后，相关单位应对过程各项工作的经验教训进行总结，对应急方案各项组织技术措施的适用性进行评估，及时修订完善应急处置方案。

13.4　治理措施

滑坡主要以治理为主，变电站、主要的道桥、输电塔桩等永久建筑物应避开滑坡体，布置受限确需布置在滑坡处，应进行处理，确保在设计年限内不出现破坏。

滑坡灾害防治工程，其技术途径为：① 减小滑坡下滑力或消除下滑因素；② 增大滑坡抗滑力或增加抗滑因素。任何滑坡防治工程都是围绕上述两条途径，结合滑坡地形、地质、水文、滑坡形成机理及发展阶段，因地制宜采取一种或多种措施，达到防止滑坡灾害产生或治理已发生的滑坡灾害的目的。到目前为止，治理滑坡的工程措施大致分为以下几种：① 改变坡体几何形态；② 排水；③ 支挡；④ 改良滑带土体。

13.4.1　改变坡体几何形态

这种措施主要是消减推动滑坡产生区的物质（即减重）和增加

阻止滑坡产生区的物质（即反压），通常所谓的砍头压脚；或减缓边坡的总坡度，即通称的削方减载。这种方法是经济有效的防治滑坡的措施，技术上简单易行且对滑坡体防治效果好，所以获得了广泛地应用并积累了丰富的经验。特别是对厚度大、主滑段和牵引段滑面较陡的滑坡体，其治理效果更加明显。对其合理应用则需先准确判定主滑、牵引和抗滑段的位置。

13.4.2　排水工程

由于水是形成滑坡的重要作用因素，特别是作用于滑动面（带）的水增大滑带土的孔隙水压力，降低强度参数，减小滑阻力，因此修建排水工程总是治理滑坡中首先应考虑的措施。排水工程包括地表排水和地下排水。地表排水以拦截和旁引为原则，用截水沟将地表水引入天然沟谷。滑体表面的截水沟修建成树枝状，主沟应尽量与滑坡方向一致，支沟与滑坡方向成 30°～45°斜交。地表排水以其技术简单易行且加固效果好、工程造价低而应用极广，几乎所有滑坡整治工程都包括地表排水工程。只要运用得当，仅用地表排水即可整治滑坡。由于地下排水工程能大大降低孔隙水压力，增加有效正应力从而提高抗滑力，因此加固效果极佳，工程造价也较低，应用也很广泛。尤其是大型滑坡的整治，深部大规模的排水往往是首选的整治措施。但其施工技术比起地表排水来要复杂得多。近年来在这方面的研究有很大的进展，主要的排水措施有：①　平孔排水；②　真空排水；③　虹吸排水；④　电渗析排水。垂直排水钻孔与深部水平排水廊道（隧洞）相结合的排水体系得到较广泛的应用，将排水措施与改变斜坡几何形态联合可以获得更佳的整治效果。同时，植树造林也可避免浅薄层土质流失，减少大滑坡产生的概率。

13.4.3 支挡结构

（1）抗滑挡墙。在滑坡底脚修建挡墙也是常用的一种方法。挡墙可用砌石、混凝土以及钢筋混凝土结构。临时性加固时，也可采用木笼挡墙。修建挡墙不但能适当提高滑坡的整体安全性，更可有效防止坡脚的局部崩坍，以免不断恶化边坡条件。但对于大型滑坡，挡墙由于受到工程量及高度的限制，滑坡体的安全系数往往提高不大。如果在边坡表面修建一些拱形或网形建筑物，或对边坡加以表面砌护，则它们虽不能防止深层滑动，提高滑坡体的整体稳定性，但也能防止表面局部崩落、冲刷，以免进一步恶化滑坡体的工作条件。

（2）抗滑桩。抗滑桩是一种被实践证明效果较好的传统滑体加固方式。对一些中、深层滑坡，在用抗滑挡墙难以整治的情况下，可以用抗滑桩。抗滑桩在滑坡体上挖孔设桩，不会因施工破坏其整体稳定。桩身嵌固在滑动面以下的稳固地层内，借以抗衡滑坡体的下滑力，这是整治滑坡比较有效的措施。但是，由于其多为悬臂梁式设置，不但受力状态不理想，而且为克服较大的弯矩作用，往往设计的断面较大，配筋率较高，造价也非常高。

（3）预应力锚杆。预应力锚索单独稳定滑坡是在其中、前部打若干排锚索，锚于滑动面以下稳定地层中，加预应力 500～3000kN 以上，增加对滑动面的垂直压力从而提高摩阻力和水平抗力，变被动受力为主动抗滑。地面用梁或锚墩作反力装置给滑体施加一个预应力来稳定滑坡，这样能有效地阻止滑坡的移动。锚索工程不开挖滑体,对滑体扰动小,又能机械施工,比抗滑桩工程节省投资约50%,因此应用前景十分广阔。

(4)锚索桩。锚索与抗滑桩联合形成锚索桩。在抗滑桩顶部加2~4束锚索,增加一个拉力,改变普通抗滑桩的悬臂受力状态,接近简支梁,加预应力使桩由被动受力变为主动受力,因而大大降低了传统桩体的截面、配筋率和埋置深度,可节省工程投资 40%~50%,有较明显的技术、经济效益。预应力锚索抗滑桩改变了桩的受力状态,变被动支挡为主动预加,提高了滑坡稳定性。此方案的优点是可以提供较大的锚固力,锚杆充分发挥其全部作用之前不产生移动,故边坡的变形和可能的张裂是最小的,但要配备大型的张拉设备,且施工工艺复杂,成本高昂。

(5)微型桩群。微型桩群指直径小于 300mm 的插入桩或灌注桩。微型桩加固斜坡的形式有:① 许多微型桩密布在滑体上,穿过滑动面,增加抗滑力;② 用网状树根桩将滑体和不动体形成一个复合体;③ 微型桩加横梁形成排架结构抗滑;④ 微型桩网与包围的土体形成一个重力式挡土结构抗滑。微型桩群主要用来治理中小型滑坡。

(6)普通砂浆锚杆锚固。普通砂浆锚杆锚固利用水泥砂浆将锚杆和孔壁牢牢地粘结在一起。该方法的优点是结构简单,适应性强,可适用于各种地层,抗震动性能较好,费用仅为预应力锚固的 1/3左右。缺点是强度较低,注浆时易造成空洞,不够密实,安装后不能及时提供锚固力(锚固力为杆体强度)。

(7)复合挡土结构。复合挡土结构是树根桩技术在边坡工程中的应用,是一种较为新型的抗滑挡土结构,由前后两排树根桩斜锚杆与灌入水泥浆加固后的土体复合构成，用来控制土体的稳定性。该结构可用来代替传统的挡土墙、抗滑桩等用于滑坡防治，与挡土墙、抗滑桩等抗滑结构相比，具有造价低、施工方便、工期短、对土体扰动小等特点，具有一定的经济和社会效益。

（8）土锚钉。土锚钉是将金属棒、杆、竹等打入原土体或软岩，或将灌浆置入土或软岩中预先钻好的钻孔内，它们和土体共同构成有内聚力的土结构物，以阻止不稳定斜坡的运动或支撑临时挖方边坡。锚钉属被动单元，打入或置入后不再施加拉张应力。土锚杆可用以支撑潜在不稳定斜坡或蠕动斜坡，最适用于密实的颗粒土或低塑性指数坚硬粉质黏土。由于金属棒、杆锈蚀速度的不确定性，土锚钉主要用于临时结构物。

（9）加筋土。加筋土是在土体中埋入有抗拉的单元以改善土体的总体强度，稳定天然及堆填斜坡，支挡开挖边坡都可用加筋土挡墙。它优于传统挡墙之处有：① 既有粘聚性又有韧性，故能承受大变形；② 可使用的填料范围很广；③ 易于修建；④ 抗地震荷载；⑤ 已有多种面板形式，可以建成赏心悦目的结构；⑥ 比传统挡墙或桩造价低。

第14章

地 震

14.1 地震的定义及影响

14.1.1 地震的定义

地震又称地动、地振动，是地壳快速释放能量过程中造成振动，期间会产生地震波的一种自然现象。地球上板块与板块之间相互挤压碰撞，造成板块边沿及板块内部产生错动和破裂，是引起地震的主要原因。通常将震源深度小于 70km 的叫浅源地震，深度在 70～300km 的叫中源地震，深度大于 300km 的叫深源地震。

14.1.2 里氏震级的划分及影响

地震损害的范围主要受两个因素的影响，一是震级，二是震源深度。在震级相同的情况下，震源深度越大，对地面的影响就越小，影响的范围就越小。在深度相同的情况下，震级越高，破坏力和影响范围越大。破坏性地震一般是浅源地震。地震时，震中（震源正上方的地表处）附近的烈度（地震对地表的破坏程度）最大，随着距震中距离的增加，烈度快速减小。里氏震级的划分及影响见表 14-1。

表 14-1　　　　　　　　　　里氏震级的划分及影响

程度	里氏规模	地震影响	发生频率（全球）
极微	2.0 以下	很小，没感觉	每天 8000 次
甚微	2.0～2.9	一般人没感觉，设备可以记录	每天 1000 次
微小	3.0～3.9	经常有感觉，但是很少会造成损失	每年 49 000 次
弱	4.0～4.9	室内东西摇晃出声，不太可能有大量损失	每年 6200 次
中	5.0～5.9	可在小区域内对设计及建筑质量不佳的建筑物造成大量损坏	每年 800 次
强	6.0～6.9	可摧毁方圆 100 英里以内的居住区	每年 120 次
甚强	7.0～7.9	可对更大的区域造成严重破坏	每年 18 次
极强	8.0～8.9	可摧毁方圆数百英里的区域	每年 1 次
超强	9.0～9.9	可摧毁方圆数千英里的区域	每 20 年 1 次
超强+	10+	从来没有记录	未知

14.1.3　影响范围

我国位于世界两大地震带——环太平洋地震带与欧亚地震带之间，受太平洋板块、印度板块和菲律宾海板块的挤压，地震断裂带十分活跃，主要分布在五个区域，台湾省、西南地区、西北地区、华北地区、东南沿海地区和 23 条地震带上。

（1）"华北地震区"包括河北、河南、山东、内蒙古、山西、陕西、宁夏、江苏、安徽等省的全部或部分地区在五个地震区中，由于首都圈位于这个地区内，所以格外引人关注。据统计，该地区有据可查的 8 级地震曾发生过 5 次；7～7.9 级地震曾发生过 18 次，加之它位于我国人口稠密、大城市集中、政治经济文化交通都很发达的地区，地震灾害的威胁极为严重。

（2）"青藏高原地震区"包括兴都库什山、西昆仑山、阿尔金山、祁连山、贺兰山、六盘山、龙门山、喜马拉雅山及横断山脉东翼诸山系所围成的广大高原地域，涉及青海、西藏、新疆、甘肃、宁夏、四川、云南全部或部分地区，本地震区是我国最大的一个地震区，也是地震活动最强烈、大地震频繁发生的地区。据统计，这里8级以上地震发生过9次；7～7.9级地震发生过78次，均居全国之首。

（3）"新疆地震区""台湾地震区"也是我国两个曾发生过8级地震的地震区，这里不断发生强烈破坏性地震也是众所周知的。由于"新疆地震区"总的来说，人烟稀少、经济欠发达，尽管强烈地震较多，也较频繁，但多数地震发生在山区，造成的人员和财产损失与我国东部几条地震带相比，要小许多。

（4）"华南地震区"的"东南沿海外带地震带"，这里历史上曾发生过1604年福建泉州8.0级地震和1605年广东琼山7.5级地震，但从那时起到现在的300多年间，无显著破坏性地震发生。

14.1.4　主要灾害影响

地震灾害具有突发性。由于地震预报还处于研究阶段，绝大多数地震还不能做出临震预报，地震的发生往往出乎预料。地震的突发性使得人们在地震发生时不仅没有组织和心理等方面的准备，而且难以采取人员撤离等应急措施进行应对。地震成灾具有瞬时性，地震在瞬间发生，地震作用的时间很短，最短十几秒，最长两三分钟就造成山崩地裂、房倒屋塌、人员伤亡、基坑坍塌、设备损坏等。

（1）直接破坏。震级较大地震，破坏效果巨大，能短时直接造成房屋倒塌，人员伤亡，设备损坏等伤害，由于时间较短，无较好的抢救措施。

（2）次生灾害。震级较大的地震，可能引发泥石流及海啸，造成二次房屋损害、人身伤害、设备损坏等。

（3）疫情灾害。震级较大的地震，会造成水质污染，特别是如救援或消毒不及时，会引发疫情灾害。

14.2 防范措施

14.2.1 通用要求

（1）加强对地震防范工作的组织领导，全面落实安全责任。健全应急指挥机构，成立地震防范工作应急领导小组，落实工作责任，把确保人员安全作为首要任务，全面组织抗震安全工作，保证组织到位、技术到位、措施到位、资金到位，扎实地做好现场人员的生产、生活和人身的安全防控，切实做好地震防范工作的应急工作，确保一旦发生震情，做到指挥得力、反应灵敏、有备无患、有条不紊、临震不惊、处置及时得当。

（2）完善施工现场地震突发事件应急处置方案，加强预案的学习和培训，全员准确掌握应急处置流程，提高应急处置的可操作性。

（3）细化地震应急演练方案，组织开展地震应急演练，检验地震应急预案的可操作性，提高施工现场人员地震应急能力和反应速度。

（4）应作好重要文件、档案资料、图纸、财务单据、办公设备的保管和保护措施，作好计算机重要资料的备份工作。

（5）充分考虑施工中可能发生的地震紧急情况，高处作业配备高空缓降设备或应急撤离通道，深坑作业配备提升设备或爬升通道，同时按班组和车辆配备急救箱，加强应急电源和发电机维护保养工作。

（6）办公、作业及住宿场所均应提前指定疏散地点及通道，并全员掌握，确保发生地震时人员能快速撤离到安全地带。

14.2.2　应对地震的物资储备要求

应足额配备应急储备物资，做好应急防灾、救援、通信物资准备，确保要拿得出、用得上，并定期清查、补充。

（1）水：每人每天至少需储备 3.8L 的水，并按此标准一次备够 72h 之用。配备盛水容器。安放在不易破坏处，根据人数分开设置。

（2）食品：食堂应适当储备粮食，准备干粮、熟食、蔬菜等必备生活物资等。常备足够 72h 之用的听装食品或脱水食品、奶粉以及听装果汁，根据人员分布情况设置。

（3）备用照明：工作区以及住宿区应安放应急灯，特别是楼道及卫生间，人员宿舍及作业点应常备应急手电，项目部常备一台发电机备用。

（4）通信：大多数电话在地震发生时将会无法使用或只能供紧急用途，所以应当准备电池供电的无线对讲机等通信设备。

（5）急救箱及药品：办公、作业及住宿场所均应常备急救箱，准备必要的感冒、发烧、消炎以及跌打损伤等常用药品，应急药品要充足适用。

（6）灭火器：工作区以及住宿区都要按需配备灭火器。确保灭火器规格型号适用，或全部适用 ABC（多用途干粉）灭火器，可安全使用于任何种类的火源。所用参建人员均要掌握灭火器的使用方法及设置地点。

（7）工具箱：应配备常用工具箱、刀具、口罩（防毒面罩）、打火机、火柴、呼叫哨子等，并采用防水、防火措施保管。

（8）衣服：寒冷季节必须要考虑保暖，需储备御寒衣服和睡觉用品。

14.2.3　设计防范措施

（1）结合地震历史资料和气象水文资料，设计要从源头上规避灾害性地震影响，对易受灾地区项目采取优化布局和差异化规划设计。在项目选址、选线阶段，优选不易被地震影响的方案。在初步设计阶段，通过优化场地设计标高、加强地下建构筑物抗剪能力、提高建筑物整体刚度，"强柱弱梁、强剪弱弯、强节点、强锚固"，增强工程整体抗震的能力。

（2）在普遍提高地震多发地区电网规划设计标准的基础上，确定一批抵御严重灾害能力更强的重要线路，设防标准比普通线路提高1～2级。

（3）进一步推广减震隔震技术，进一步完善减震设计技术与减震装置的研发，以满足不同电压等级和不同结构特点的电气设施的抗震需求，并加快减震、隔震技术的推广应用。

（4）变电站、项目部、材料站应选择在无不良地质地带、地质构造相对稳定的区域，避免在地质断裂带附近。施工现场最好采用现浇混凝土楼板，尤其是单跨、大开间及纵墙承重的房屋，否则这种结构形式极易在地震中产生严重破坏。

（5）房屋建筑及临时建筑结构设计中应充分重视填充墙、楼梯间等。建筑非结构构件和建设机电设备，自身及其与结构主体的连接，应进行抗震设计。变电站装修施工应尽量简单，避免不必要的装饰。如必须装饰，幕墙、装饰贴面应与主体结构有可靠连接。

（6）优化电力设备选型与结构设计。电气设备在选型时就应根据设防烈度选择，其抗震性能应满足抗震要求。优先选用重心低、顶部重量轻等有利于抗震结构型式的电气设备，如 GIS、和罐式 SF_6 断路器等。另外，在电力设备的设计过程中，应强化对设备本体与瓷套管的动力学分析，优化结构设计使设备的自振频率避开地震的卓越频率，防止在地震中电力设备发生共振，降低其损坏的可能。在产品结构上，设备的支架尽量采用钢结构，可采用提高支架水平向刚度的办法来提高抗震能力，如对已运行的电气设备支架，把单柱式的改为多柱式的，在多柱式的支柱间加设斜（剪刀）撑，加强其整体性，提高支架的水平向刚度。

（7）高压开关柜、低压开关柜、控制及保护屏等设备，采用焊接或螺栓连接的固定方式，使其牢固的固定在基础上。对于地震烈度高于 8 度的地震区，还应将几块屏（柜）上部连成一个整体，增加其稳定性。

14.2.4　作业现场防护措施

（1）所有人员必须规范佩戴使用安全防护用品，减少地震来临时造成的人身伤害。

（2）施工现场的备品、备件和各种原材料要堆放稳定。对氧气、乙炔瓶等的堆放应稳固，并远离火源处，实、空瓶应有橡胶箍圈。

（3）对现场堆放原材料、半成品处应配置足够的消防器材。对各处易燃、易爆品的储存、堆码应严格按制度和有关规定执行。

（4）电气设施严格按防震等级安装、使用。对电气设施附近的消防设施进行定期检查和更换补充。

（5）在施工过程中，应按照相关流程规范进行施工，更要确保施工的质量。应做好基坑放坡、安全梯、安全绳设置、脚手架及模板支护，电源箱隔离等措施；避免高空落物造成人员伤害。

（6）电缆敷设过程中，做好电缆的抗震支护，预留较好的人员撤离通道，并在电缆敷设过程中防止电缆堆积阻挡人员撤离通道，确保发生地震时人员能尽快撤离现场。

14.3　避险措施

14.3.1　户外避险措施

（1）人员第一时间停止一切作业，前往疏散地，高空作业人员迅速降低重心或返回地面，寻找安全地方躲避。

（2）规范佩戴安全帽，或其他硬物保护头部，尽可能作好自我防御。

（3）运输车辆要就地停靠，司机应立即前往空旷地带，及时与项目部联系，报告具体位置。

（4）人员应迅速离开变压器、构支架、铁塔等危险设施、设备和房屋、围墙、巷道等较高建筑。

（5）户外人员要在保证自身安全的情况下帮助他人，在地震时间内不得开展救助工作，在震后或间歇期及时开展救助。

14.3.2　室内及建筑物内避险措施

（1）室内人员要第一时间停止办公，要及时躲避在办公桌下或其他有承重设施，切断周边电源。

（2）电缆及地下变电站作业人员应立即停止作业，不应急于外跑，应避开巷道或竖井等危险地区，选择有支撑的沟道或避险室避震，地震过后，有组织、有秩序地向地面转移。震后需从楼梯有秩序地迅速撤离到安全地点。

（3）附近有毒物质的人员（GIS 等附近），应立即按照程序停止使用，封闭有毒物质，并迅速采取措施避震，及时撤出。

14.3.3　自救措施

（1）地震中被埋在废墟下的人员，即使身体不受伤，也有可能被烟尘呛闷窒息的危险。因此这时应注意用手巾、衣服或衣袖等捂住口鼻，避免意外事故的发生。

（2）被埋人员应想方设法将手与脚挣脱开来，并利用双手和可以活动的其他部位清除压在身上的各种物体。用砖块、木头等支撑住可能塌落的重物，尽量将"安全空间"扩大些，保持足够的空气呼吸。

（3）若环境和体力许可，应想办法逃离险境，如发觉受埋周围有较大空间通道，可以试着从下面爬过去或者仰面蹭过去。应把上衣脱掉，把带有皮带扣的皮带解下来，以免中途被阻碍物挂住，朝着有光线和空气的地方移动。

（4）无力脱险自救时，应尽量减少气力的消耗，静待外面有救援人员方可采取呼叫、敲击物件等方法引起救灾人员注意及时抢救。

14.3.4　地震避免二次伤害措施

（1）尽可能熄灭火苗。如果火势已无法熄灭，要迅速离开，尽可能的第一时间上报，通知消防人员。

（2）如遇电线受损，要及时切断电源。如果情况不安全，要离开，并警示其他人员。

（3）不要开车，不要擅自进入建筑物，不要靠近高建筑，避免余震造成伤害。

（4）收集提前准备的防灾物资，控制情绪，耐心等待应急救援组织，并提供指引等现场帮助。

第15章

烟　气　中　毒

15.1　烟气的定义及影响

15.1.1　烟气的定义

烟气是气体和烟尘的混合物，是污染大气的主要原因。烟气的成分很复杂，气体中包括 SO_2、CO、CO_2、碳氢化合物以及氮氧化合物等。烟尘包括燃料的灰分、煤粒、油滴以及高温裂解产物等。因此烟气伤害是多种毒物的复合伤害。

考虑到电力系统工作的特殊性，将 SF_6 气体纳入烟气中毒防范和避险工作范围内。

15.1.2　影响范围

烟气中毒主要发生在野外山火或冬季取暖、暖棚法施工等的工程现场。世界上 90% 以上的火灾是人为引发的，而在中国，人为因素引起的火灾占 98% 以上。除纵火、雷击外，过失引起火灾的主要原因是违章和不慎。

15.1.3　主要影响

烟气对人体的危害性与颗粒的大小有关，对人体产生危害的多是直径小于 10μm 的飘尘, 尤其以 1～2.5μm 的飘尘危害性最大。烟气对人体的危害一方面取决于污染物质的组成、浓度、持续时间及作用部位, 另一方面取决于人体的敏感性。烟气浓度高可引起急性中毒, 表现为咳嗽、咽痛、胸闷气喘、头痛、眼睛刺痛等, 严重者可致死亡。最常见的是慢性中毒, 引起刺激呼吸道粘膜导致慢性支气管炎等。

烟气中有毒物质主要包括:

(1) 二氧化硫为主的硫化合物, 主要有 SO_2、SO_3 和 H_2S, 刺激并伤害人体的呼吸系统。

(2) 一氧化氮和二氧化氮为主的氮化合物, 氮氧化合物吸入后刺激呼吸道粘膜, 引起肺炎。

(3) 烷烃、烯烃、芳香烃及其衍生物 (如萘、蒽、苯并芘等) 为主的碳氢化合物, 碳氢化合物主要是一些多环芳烃, 除具有致癌作用外, 还可刺激皮肤、黏膜, 尤其是与氮氧化合物形成光化学烟雾, 刺激性更强, 重者可危及生命。

(4) 一氧化碳, 一氧化碳主要通过与血红蛋白结合使之丧失携氧功能, 严重时可引起死亡。

15.2 防范措施

15.2.1 通用要求

(1) 明确职责, 严格落实冬季防寒取暖工作的各项要求, 开展安全教育, 提高安全意识, 加强巡视和检查, 排除事故的隐患。

(2) 存在烟气中毒风险的施工作业场所, 必须配备有毒气体检测报警仪。

（3）烟气较空气轻而飘于上部，贴近地面是避免烟气吸入、滤去毒气的最佳方法，可采用毛巾、口罩蒙鼻、匍匐撤离的办法。

（4）工程现场严禁焚烧施工、生活垃圾，要按照规定进行无害化清运处理。

（5）在有限空间作业应坚持"先通风、再检测、后作业"的原则，应配备安全和抢救器具，如：防毒面罩、呼吸器具、通信设备等，对不能采用通风换气措施或受作业环境限制不易充分通风换气的场所，作业人员应使用空气呼吸器或软管面具等隔离式呼吸保护器具。发现通风设备停止运转、有限空间内氧含量浓度低于或者有毒有害气体浓度高于国家标准或者行业标准规定的限值时，应立即停止有限空间作业，撤离作业现场。

（6）室内进行电焊、气割、喷灯作业等容易产生烟气的作业，施工人员要按照规定佩戴齐全个人防护用品，保持良好通风，防止有毒气体吸入。

（7）严寒季节采用工棚保温，使用锅炉、炭炉作为加温设备措施施工时，工棚内养护人员不能少于两人。人员进棚前，应采取通风措施，应有防止一氧化碳中毒、窒息的措施。禁止作业人员进棚内取暖，进棚作业应设专人棚外监护。

（8）采用苫布直接遮盖、用炭火养生的基础，加火或测温人员应先打开苫布通风，并测量一氧化碳和氧气浓度，达到符合指标时，才能进入基坑，同时坑上设置监护人。

（9）使用煤气器具要防止煤气泄漏，要检查器具、管路是否完好，如发现破损、锈蚀、漏气等问题，要及时更换并修复，使用完毕后应关闭气源。

（10）使用火炉取暖，火炉的安装位置应与易燃物保持安全距离，火炉旁不要存放易燃易爆物品，掏出的未熄灭的炉灰渣要倒在安全地方。要检查烟道是否畅通，有无堵塞物，烟囱的出风口要安装弯头，出口不能朝北，以防因大风造成烟气倒灌。烟筒接口处要顺茬接牢（粗口朝下、细口朝上），严防漏气。屋内必须安装风斗，要经常检查风斗、烟道是否堵塞，做到及时清理。每天晚上睡觉前要检查炉火是否封好、炉盖是否盖严、风门是否打开，房间要留有排气口，不能全部遮挡严密。

（11）禁止在休息室内启动发电机，不得在密闭的空间（如库房内）使用车辆尾气取暖。

（12）施工现场、仓库及重要机械设备、配电箱旁，生活和办公区等应配置相应的消防器材。需要动火的施工作业前，应增设相应类型及数量的消防器材，并办理动火工作票。

15.2.2　变电站施工主要防范措施

（1）废弃的六氟化硫、氮气等气体严禁排放到大气中，要使用回收装置进行回收处理。作业人员应戴手套和口罩，并站在上风口。

（2）进行变压器、电抗器内部作业时，通风和安全照明要良好，要有专人监护。

（3）作业人员进入含有六氟化硫电气设备的室内时，入口处若无六氟化硫气体含量显示器，应先通风 15min，并检测六氟化硫气体含量是否合格，禁止单独进入六氟化硫配电装置室内作业。

（4）取出六氟化硫断路器、组合电器中的吸附物时，应使用防护手套、护目镜及防毒口罩、防毒面具等个人防护用品，清出的吸附剂、金属粉末等废弃物应按照规定进行处理。

（5）六氟化硫电气设备发生大量泄漏等紧急情况时，人员应迅速撤出现场，室内应开启所有排风机进行排风。

15.2.3　线路施工主要防范措施

（1）作业人员在进行人工挖孔桩基础施工时，当桩深大于10m时，应设专门向井下送风的设备，风量不得少于 25L/s。操作时上下人员轮换作业，桩孔上人员密切观察桩孔下人员的情况，互相呼应，不得擅离岗位，发现异常立即协助孔内人员撤离，并及时上报。

（2）施工项目部对打更人员加强安全教育，注意打更棚内通风，禁止在打更棚内采用瓦斯、明火或炭火取暖及做饭。打更棚设一氧化碳报警器，严禁打更人员在养生坑内取暖。

（3）在山区及丛林施工，应根据作业区域配备氧气设备，防止丛林瘴气。不得穿越不明地域、水域，不得单独远离作业场所。

（4）高海拔地区掏挖基础施工中，必要时应及时进行送风，同时基坑上方要有专责监护人。在进行高处作业时，作业人员应随身携带小型氧气瓶或袋，高处作业时间不应超过1h。

15.3　烟气中毒症状及抢救措施

15.3.1　烟气中毒症状

（1）轻度中毒。中毒者会感觉到头晕、头痛、眼花、全身乏力。

（2）中度中毒。中毒者可出现多汗、烦躁、走路不稳、皮肤苍白、意识模糊、老是感觉睡不醒、困倦乏力。

（3）重度中毒。此时中毒者多已神智不清，牙关紧闭，全身抽动，大小便失禁，面色口唇现樱红色，呼吸、脉搏增快，血压上升，心律不齐，肺部有声音，体温可能上升。极度危重者可持续深度昏迷，脉细弱，不规则呼吸，血压下降，也可出现高热 40℃，此时生命垂危，死亡率高。

15.3.2　抢救措施

（1）一旦发现有人烟气中毒，施救人员应在正确佩戴防毒面具等安全防护用品后，方可进入事故现场，严禁盲目施救。

（2）尽快让患者离开中毒环境，到空气流通的地方。

（3）患者应安静休息，避免活动后加重心、肺负担及增加氧的消耗量。

（4）给予中毒者充分的氧气。

（5）神智不清的中毒患者必须在最短的时间内，检查病人呼吸、脉搏、血压情况，根据这些情况进行紧急处理。

（6）中毒者呼吸心跳停止，立即进行人工呼吸和心脏按压。

（7）呼叫 120 急救服务。

15.4　恢复施工措施

（1）在确保安全的前提下，对现场有毒有害气体的范围、危害程度等进行统计并及时做好信息报送工作。

（2）根据灾情制订恢复计划，包括施工安全措施、技术措施、人员、抢修物资等内容。

（3）根据灾情严重程度，必要时向上级部门提出外部支援请求，负责现场工作安排与协调管理，做好工程抢险的后勤保障工作。

（4）恢复现场时应防止毒害气体再次泄露或蔓延，准备好人员安全防护用品以及消防设施，对所有作业人员进行全面细致的交底后方可进行恢复作业。

第16章

强　浓　雾

16.1　强浓雾的定义及影响

16.1.1　基本定义

雾：是由大量悬浮在近地面空气中的微小水滴或冰晶组成的气溶胶系统。多出现于秋冬季节，是近地面层空气中水汽凝结（或凝华）的产物。雾的存在会降低空气透明度，使能见度恶化，如果目标物的水平能见度降低到 1000m 以内，就将悬浮在近地面空气中的水汽凝结（或凝华）物的天气现象称为雾（Fog）。

霾：也称灰霾（烟雾）空气中的灰尘、硫酸、硝酸、有机碳氢化合物等粒子也能使大气混浊。将目标物的水平能见度在 1000～10 000m 的这种现象称为轻雾或霭（Mist）。形成雾时大气湿度应该是饱和的（如有大量凝结核存在时，相对湿度不一定达到 100%就可能出现饱和）。由于液态水或冰晶组成的雾散射的光与波长关系不大，因而雾看起来呈乳白色或青白色和灰色。

雾霾天气：是一种大气污染状态，雾霾是对大气中各种悬浮颗粒物含量超标的笼统表述，尤其是 PM2.5（空气动力学当量直径小于等于 2.5μm 的颗粒物）被认为是造成雾霾天气的"元凶"。随着空气质量的恶化，阴霾天气现象出现增多，危害加重。气象部门把阴霾天气现象并入雾一起作为灾害性天气预警预报，统称为"雾霾天气"。

16.1.2　雾的等级划分标准，按水平能见度距离划分

水平能见度距离在 1～10km 的称为轻雾。

水平能见度距离低于 1km 的称为雾。

水平能见度距离 200～500m 的称为大雾。

水平能见度距离 50～200m 的称为浓雾。

水平能见度不足 50m 的雾称为强浓雾。

16.1.3　雾的种类

根据形成条件的不同，可分为辐射雾、蒸发雾、平流雾、上（山）坡雾等。我国一年四季都有雾。在夏季，由于天气炎热，一般平原、丘陵地区雾比较少。但在上千米的高山上，依旧可以见到云雾缭绕，这是由于暖湿气流在上坡时被迫抬升，气温降低，发生凝结而形成的。

辐射雾：是由于地面辐射冷却作用，使贴近地面空气层中的水汽达到饱和，凝结后而形成的雾。它常出现在有微风而晴朗少云的夜间或清晨，在秋冬季节，我国内陆地区常有这种雾出现。

蒸发雾：是冷空气流经暖水面上，由于暖水面的蒸发，水汽与冷空气混合、冷却过程中迅速凝结形成的雾。它通常发生在深秋寒冷早晨的湖面和河面上，并经常与陆地辐射雾混成一片，如果是在高速公路两边，形成的浓雾容易造成这一路段的交通事故。

平流雾：是当暖湿空气平流到较冷的下垫面上，下部冷却而形成的雾。平流雾和空气的水平流动是分不开的，只要持续有风（2～

7m/s），雾会持续很久；如果风停下来或暖湿空气来源中断，雾很快就会消散。

上（山）坡雾：是空气沿山坡上升，由于绝热膨胀冷却而形成的雾。空气沿山坡上升时，雾在迎风坡上形成。

16.1.4　分布范围

强浓雾天气主要发生在 11 月～次年 1 月期间，北京、天津、河北、冀北、山东、山西、河南、江苏等地区，其他地区及时段偶有发生。

雾的持续时间长短，主要和当地气候干湿有关：一般来说，干旱地区多短雾，多在 1h 以内消散，潮湿地区则以长雾最多见，可持续 6h 左右。

另外，京津冀地区的雾霾主要是地形和气象条件总体不利于污染物扩散，每年 12 月～次年 1 月发生频次远大于其他区域。

16.1.5　主要灾害影响

强浓雾的危害主要可归纳为四种：一是对人体产生的危害，二是对施工现场的危害，三是对交通产生的危害，四是对运行电网的危害。

（1）对人体产生的危害：雾天往往气温较低，一些高血压、冠心病患者从温暖的室内突然走到寒冷的室外，血管热胀冷缩，也可使血压升高，导致中风、心肌梗塞的发生。雾霾天气还可导致近地层紫外线的减弱，使空气中的传染性病菌的活性增强，传染病增多。同时大雾天会给人造成沉闷、压抑的感受，会刺激或者加剧心理抑郁的状态。此外，由于雾天光线较弱及导致的低气压，有些人在雾天会产生精神懒散、情绪低落的现象，易导致施工事故发生。

（2）对施工现场的危害：浓雾天气影响施工人员视线及信号传递，另外可造成凝霜等现象，易导致人身伤害、设备损坏等严重后果。工程建设工程中因大雾造成能见度低而影响正常工作，特别是对高空作业、水上运输、索道运输、电缆施工、露天吊装、杆塔组立、临近带电体作业、架线施工等遇浓雾天气不得进行施工作业；"四口、五临边"、运行的机械等周边若缺乏有效防护，因能见度不足易引发坠落、伤害事故；因大雾造成的停工现场，易出现偷盗行为，造成工程建设经济损失。

（3）对交通产生的危害：浓雾天气时，由于空气质量差，能见度低，容易发生交通事故。

（4）对运行电网的危害：浓雾还会使电线受到"污染"，引起输电线路短路、跳闸、掉闸等故障，造成电网大面积断电，这种现象叫做"雾闪"。"雾闪"可以很快影响使电力机车停运、工厂停产、市民生活断电。沿海地区的平流雾中含有大量盐分，遇到输电线路上的绝缘子，盐分便会大量聚积，引发雾闪现象，从而也易造成断电事故。

16.2 防范措施

16.2.1 通用要求

（1）施工项目部安排专人及时收听、收看天气预报，时刻注意天气变化情况，一旦收到大雾天气预警报告，第一时间通知建设、施工、监理单位做好应对准备工作，为确保施工安全，项目负责人深入现场勘察，对每一个工作点进行细微的安全隐患分析，时刻监督，以确保施工安全。

（2）施工单位必须对所有作业人员进行上岗前安全教育和技术培训交底，备好安全防护用品。雾天施工要多设防护和瞭望人员，以确保行车及人员安全；浓雾天气空气中霾含量较高时，户外作业的施工人员应采取一定的防霾措施；连续3天以上为重度雾霾时，应停止户外作业。

（3）严禁以工期紧等为由冒险赶工，出现强浓雾天气时，各施工现场应停止高空作业、水上运输、索道运输、电缆施工、露天吊装、邻近带电体作业、杆塔组立、架线施工等一切室外作业。全面检查塔吊、物料提升机、外用电梯和吊篮的安全装置、避雷装置，并做好记录。室外作业现场，应在安全通道线路上设置行走指示灯光，沟坑、高空临边设置告警指示灯光。

（4）机动车雾天行驶应严格遵守《中华人民共和国道路交通安全法》《中华人民共和国道路交通安全法实施条例》相关内容。

各单位应加强车辆及驾驶员管理，车辆驾驶人员应具备熟练的驾驶技能、熟知所驾驶车辆的性能、状况及出行路线，注意道路状况，雾天要打开雾灯，保持车距，加强瞭望，低速行驶以防事故发生。

（5）确保应急通信网络运转正常，通信设备电量充足，应急状态下信息畅通。

16.2.2 变电站施工主要防范措施

（1）变电站建设时应确保站内坑口、临边已设立围栏、醒目的警示标志；工地范围内应将裸露土方、地面、泥浆池进行覆盖。

现场内的各种材料、模板、混凝土构件、乙炔瓶、氧气瓶等存放场地都要符合安全要求，并加强管理。

（2）施工现场严禁明火取暖现象，物料存放区防火重点区域严禁烟火，严禁携带火种，禁止使用碘钨灯照明、取暖。配齐安全标识，消除火灾隐患。库房内不准用炉火取暖。所有易燃保温材料应按生产需要控制使用，专人负责调配，防止积压。

（3）达到强浓雾时，应停止起重机械、土石方作业、预拌砂浆作业、拆除工程等作业，吊车、塔吊等露天工作的大型机械设备，应停留在较为固定的位置；中小型机械作业时应落实检查机械防护罩、警示标志、接地装置是否齐全有效，避免因视线不足而引起的伤害。

（4）工地指定专人看护塔吊、物料提升机、外用电梯等安全情况。电动吊篮等升降机械在雾天施工时，应等大雾散去并在日照比较充足的情况下，才可以使用，否则，轻易打滑并可能引起设备事故。站内尽量减少厂内运输，不得进行大件运输，运输车辆减速慢行，多鸣笛发出警示信号。

（5）采取措施有效防止和减少施工中的灰尘外逸，在施工现场四周设置密封性围墙、围挡隔离，对易产生尘埃的物料装卸、物料堆放，采取遮盖、封闭、洒水等扬尘控制措施，对原土、回填土采取固化、密目式等覆盖措施，对建筑垃圾及时进行清理、对现场进出车辆进行冲洗，将建筑施工扬尘影响控制在最小限度范围。

16.2.3 架空线路施工主要防范措施

（1）做好已开挖基坑的遮盖、围挡措施，设立醒目警示标志，警示标志不得占用通行道路；野外施工现场、材料站加强安全保卫措施，避免发生盗抢事件。

（2）遇有浓雾必须施工，进行杆、塔上作业时，登杆作业人员要仔细检查，踩牢站稳，防止因杆上有霜、雪滑动，造成人员伤亡。夜间照明视线不清的情况下，严禁进行高空作业和吊装作业，高空作业人员必须系好安全带，安全带应挂在人体上方牢固可靠处，且必须高挂低用。

（3）能见度不足 50m 时应暂停施工，作业人员全部撤到车内、工棚或有效安全区域，待雾散、能见度满足条件后再恢复施工。

（4）强浓雾期间不得进行塔材吊装、牵引绳/导引绳/导线展放、紧固塔材螺栓、平衡挂线、附件及金具安装等所有高空作业；山区道路崎岖，行驶不便时不得冒险运送材料、物资，不得进行索道运输施工。

（5）地面作业时应严格检查小型工器具的防护罩、警示标志、接地装置检查是否齐全有效。

16.2.4 电缆施工主要防范措施

（1）电缆井、电缆沟水泥包封未浇筑完成时，开挖部分应采用钢板封盖，并做好明显标识；应设置警示围栏等标志防止他人误入电缆沟。

（2）正在施工的电缆隧道应及时撤出所有材料及设备，切断供电电源，封闭隧道出入口，并做好明显标识。

（3）电缆沟里应无大型机具（传送机等），浓雾过后应对放好的电缆进行绝缘测试，检查是否有绝缘层破损。

（4）地势较高的工地应采用篷布封盖等方式对现场材料进行原地保护。

（5）在强浓雾期间，禁止在井口传递施工机械和大型工器具。井上井下通信畅通。

16.3 避险措施

（1）浓雾停工期间，各级基建管理人员应在确保安全的情况下，及时到岗到位，实施 24h 值班。

（2）检查落实突发事件的车辆安排工作，各类抢险队伍处于待命状态，能在 24h 内调用。

（3）发生低可见度浓雾时，室外作业现场应立即开启行走指示灯光、告警指示灯光，现场负责人指挥作业人员有序撤离。

16.4 恢复施工措施

（1）在确保安全的前提下，应在第一时间掌握在建工程所在地区浓雾消散情况，及时做好信息报送工作。

（2）根据施工受阻情况制订恢复计划，包括安全措施、技术措施、人员、抢修物资等内容。

（3）根据误工严重程度，必要时向上级部门提出外部支援请求，负责现场工作安排与协调管理，做好工程抢险的后勤保障工作。

（4）加强复工工作的安全管理和监督，落实到岗到位工作要求，严格"施工作业票"制度执行，加强作业现场安全监护，必要时增设专职监护人。

（5）相应部门及时统计灾害损失，会同相关部门（安监、财务）核实、汇总受损情况，按保险公司相关保险条款理赔，留存照片或视频作为受灾的佐证。

第17章

周期性常见疫情

17.1 鼠疫

17.1.1 鼠疫病介绍

鼠疫是由鼠疫杆菌引起的一种病情极为凶险的自然疫源性疾病。在国际检疫中被列为第 1 号法定的传染病，在《中华人民共和国传染病防治法》中被列为甲类传染病。鼠疫病具有发病急、传播快、病死率高、传染性强等特点，一旦发生鼠疫并流行，将会对人民群众的生命健康和经济社会发展造成严重影响。

17.1.2 鼠疫的传染源及传染途径

（1）传染源：鼠疫在人间流行前，一般先在鼠间流行。作为传染病的染疫动物主要是啮齿类动物，如野鼠、地鼠、狐、狼、猫、豹等，其中黄鼠属和旱獭属最重要。家鼠中的黄胸鼠、褐家鼠和黑家鼠是人间鼠疫重要传染源。

（2）传染途径。

媒介昆虫：主要是通过染疫跳蚤的叮咬，其他吸血虫媒，如硬蜱、臭虫、虱子等，在自然条件下也可以携带鼠疫菌。

直接接触：人与感染鼠疫的动物（包括家畜）、媒介昆虫、鼠疫患者及其尸体，带菌分泌物或排泄物直接接触皆可引起感染。人们猎取或剥食旱獭也是常见的直接接触感染途径之一。

飞沫：续发或原发性肺鼠疫病人可以通过呼吸、谈话、咳嗽、打喷嚏等借助飞沫经呼吸道在人与人之间传播鼠疫，并迅速造成肺鼠疫大流行；在剥制染疫动物过程中，由于飞沫四溅也可通过呼吸道引起直接感染。

17.1.3　鼠疫的影响范围

中国历史上鼠疫流行区包括 21 个省的 638 个县（市、区），主要分布在东北、华北、西北、青藏高原、东南沿海和滇南等地区。

17.1.4　易发疫情期

春秋两季是鼠类活动及繁殖高峰期，也是鼠疫流行高发期。

17.1.5　鼠疫防范措施

（1）各项目部在组织施工人员进行入场前安全教育培训时，将鼠疫病相关内容纳入安全教育培训内容中，让各级管理人员、作业人员对鼠疫病相关知识、防御措施进行了解、掌握。

（2）严禁施工人员私自捕猎啮齿类动物，如旱獭、地鼠等。

（3）严禁施工人员剥食旱獭、鼠类等野生动物，禁止与鼠类动物接触。

（4）进入鼠疫区的施工人员，应在进入疫区一月前到当地卫生防疫机构进行接种预防疫苗。

（5）严禁私自携带疫源动物及产品出疫区。

（6）项目部食堂保存食物时应有防止鼠类进入食堂接触或啃吃食物的措施。

（7）在鼠类集中区域，应定期采用灭鼠措施，防止鼠类动物活动频繁，接触人或其他动物。

17.1.6 鼠疫病主要临床表现

鼠疫病的潜伏期一般为 2～3 天，曾接受预防注射者，则潜伏期延长至 9～12 天；机体抵抗力弱，而病菌毒力特强者，潜伏期可缩短至数小时。

临床上主要有轻型、腺型、肺型及败血型等，除轻型外，初期的全身中毒症状大致相似。全身中毒症状：起病急，以畏寒或者寒战发热等开始，体温迅速上升至 39～40℃，头痛及四肢疼痛剧烈，有时有恶心、呕吐等，病人意识迅速模糊，表情惊惶，言语含糊，颜面和眼结膜极度充血，步态蹒跚如酒醉状。此时病人极度衰竭，脉搏与呼吸加速，脉律不规则，血压下降，肝脾肿大。有时皮肤、粘膜出现瘀血或皮下出血，鼻出血、尿血、胃肠道出血等。

17.1.7 现场应急处置

（1）当发生疫情后，首先要开展工作做好个人防护，然后采取停工的紧急措施。

（2）发现症状与鼠疫相似或原因不明的高烧昏迷病人时，应及时报告就近的医院或疾病预防控制中心。

（3）等待医院或疾病预防控制中心专业医护人员到场处理、救治。同时，应对患者采取隔离措施，禁止与其他人员接触，以防空气传播。

（4）消毒是防止疫情扩散的重要措施。当发生疫情时，项目部应配合疾控人员立即开展消毒工作，对疫情区的地面、墙面及陈列品等进行全面消毒处理。

（5）接触鼠疫病人的人员，可服药预防。

17.1.8　鼠疫病治疗

（1）特效疗法：应尽早开始，链霉素、四环素、氯霉素、磺胺嘧啶等均有良好疗效；对严重病人联合应用为宜。

（2）一般疗法：患者应严密隔离，绝对卧床休息，予以良好护理和易消化食物，供应充分体液。

（3）局部治疗：对腺鼠疫的淋巴结肿，急性期应尽量避免挤弄，可进行热敷处理。

17.2　蜱虫叮咬

17.2.1　蜱虫介绍

蜱虫（念 pí）俗称草爬子，属于寄螨目、蜱总科，是一种体形极小的蛛形纲、蜱螨亚纲、蜱总科的节肢动物寄生物，仅约火柴棒头大小。不吸血时，有米粒大小，吸饱血液后，有指甲盖大。一般叮咬在皮肤较薄，不易被搔动的部位。例如寄生在动物或人的颈部、耳后、腋窝、大腿内侧、阴部和腹股沟等处。硬蜱多在白天侵袭宿主，吸血时间较长，一般需要数天。软蜱多在夜间侵袭宿主，吸血时间较短，一般数分钟到 1h。

17.2.2　蜱虫叮咬的直接危害

蜱虫叮咬人后会侵染人末梢血中性粒细胞，引发热伴白细胞、血小板减少和多脏器功能损害，最终导致死亡；蜱唾液中含有神经毒素，易发生急性上行性麻痹，可因呼吸衰竭致死。蜱虫叮咬后的急性期病人血液和血性分泌物具有传染性，直接接触病人血液或血性分泌物可导致感染。

17.2.3　主要蜱种分布及传播疾病

（1）全沟硬蜱。盾板褐色，须肢为细长圆筒状，颚基的耳状突呈钝齿状。肛沟在肛门之前呈倒 U 字形，足 I 基节具一细长内距。是典型的森林蜱种，是针阔混交林优势种。成虫在 4～6 月活动，幼虫和若虫在4～10 月出现。成虫寄生于大型哺乳动物，经常侵袭人。分布于东北和内蒙古、甘肃、新疆、西藏等地。它是中国森林脑炎的主要媒介，并能传播 Q 热和北亚蜱传立克次体病（又称西伯利亚蜱传斑疹伤寒）。

（2）草原革蜱。盾板有珐琅样斑，有眼和缘垛；须肢宽短，颚基矩形，足 I 转节的背距短而圆钝。草原革蜱是典型的草原种类，多栖息于干旱的半荒漠草原地带。成虫春季活动。成虫寄生于大型哺乳类，有时侵袭人。分布于东北、华北、西北和西藏等地区。它是北亚蜱传立克次体病的主要媒介，也可传播布氏杆菌病。

（3）亚东璃眼蜱。盾板红褐色，有眼和缘垛，须肢为长圆筒状，第二节显著伸长；足淡黄色，各关节处有明显的淡色环；雄虫颈沟明显呈深沟状，气门板呈烟斗状。栖息于荒漠或半荒漠地带。成虫出现在春夏季。成虫主要寄生于骆驼和其他牲畜，也能侵袭人。分布于吉林、内蒙古以及西北等地区。它为新疆出血热传播媒介。

17.2.4 蜱虫叮咬高发期

蜱虫活动期一般在 4～8 月，高峰在 5～6 月。

17.2.5 蜱虫叮咬防范措施

（1）各项目部在组织施工人员进行入场前安全教育培训时，将蜱虫叮咬相关内容纳入安全教育培训内容中，让各级管理人员、作业人员对其相关知识、防范措施进行了解、掌握。

（2）在蜱虫复活前，及时到当地医院打森林脑炎预防针和加强针。对蜱虫病做到"早预防、早治疗"。

（3）进入有蜱地区要穿防护服，扎紧裤脚、袖口和领口。外露部位要涂擦驱避剂（避蚊胺、避蚊酮、前胡挥发油），或将衣服用驱避剂浸泡。离开时应相互检查，切勿将蜱虫带回驻地传染他人。

17.2.6 现场应急处置

（1）发现停留在皮肤上的蜱时，切勿用力撕拉，以防撕伤组织或口器折断而产生的皮肤继发性损害。

（2）如不慎被蜱虫咬伤，不要用镊子等工具将其除去，也不能用手指将其捏碎。应该用乙醚、煤油、松节油、旱烟油涂在蜱虫头部，或在蜱虫旁点蚊香，把蜱虫"麻醉"，让它自行松口；或用液状石蜡、甘油厚涂蜱虫头部，使其窒息松口。

（3）对伤口进行消毒处理，如口器断入皮肤内应行手术取出。

（4）发现蜱咬热及蜱麻痹时应及时送医院抢救。

17.3　毒蛇

17.3.1　蛇毒介绍

蛇毒是从蛇的毒腺中分泌出来的一种毒液，属于生物毒素。毒性的主要成分是：神经毒素、血循毒素、蛇毒酶。

17.3.2　中毒后的危害

（1）呼吸肌麻痹：常见于银环蛇、金环蛇、海蛇蛇伤，也可见于眼镜蛇、眼镜王蛇中毒。若抢救不及时，发展为缺氧性窒息死亡。

（2）循环衰竭：常见于蝰蛇、五步蛇、烙铁头等毒蛇伤，因凝血障碍所致，也可见于眼镜蛇、眼镜王蛇等蛇毒的心脏毒引起心力衰竭而造成。

（3）急性肾功能衰竭：常见于蝰蛇毒溶血产生的大量血红蛋白，其次是五步蛇、蝮蛇和海蛇毒损害骨骼肌所产生的大量肌红蛋白。在酸性尿中，沉积于肾小管，产生肾小管阻塞，引起急性肾功能衰竭。

（4）出血及凝血障碍：常见于蝰蛇蛇伤、五步蛇伤引起的广泛内、外出血、溶血，特别是心肌、肺及脑出血死亡。

（5）感染：创面坏死感染，气性坏疽，败血症及创口合并破伤风，呼吸麻痹后引起积聚性肺炎，吸入性肺炎，真菌感染等致死。

（6）严重中毒者，引起肾上腺皮质功能衰竭是蛇伤中毒死亡的辅因。

17.3.3　毒蛇防范措施

（1）首先要认识毒蛇的种类，自然界中大部分蛇是无毒的，毒蛇种类并不多，且其数量较少，一般而言毒蛇头呈三角形，尾巴短秃；无毒蛇头呈椭圆形，尾巴细长。但有些毒蛇，如眼镜蛇，金环蛇、银环蛇头部也呈椭圆形，与无毒蛇相似。一些无毒蛇，如与竹叶青颜色、大小酷似的翠青蛇、绿瘦蛇常被误认为是毒蛇。

（2）要穿封闭性好的长袖衣、裤，高帮鞋，必要时打绑腿。穿越丛林时，头上要戴安全帽或草帽。在深山浅坑边洗手洗脚时要先看好周围有无蛇的出现。

（3）夜间走路带手电，或边走边用木棍或竹竿在落脚周围打草惊蛇，把毒蛇惊走。尽量不用火把，有的毒蛇，能感应到火把的红外线，会误以为是猎物，进行攻击。

（4）林中行走时，对横在路上可以一步跨越的树干不要一步跨过，应先站上树干看清楚再走，因为蛇爱躲在倒树下休息，一步跨过很可能踩上蛇身被咬。坐下来休息时，先用木棍将周围草丛打几下将蛇惊走。

（5）如果与毒蛇不期而遇，保持镇定安静，不要突然移动，不要向其发起攻击，许多情况下，毒蛇只想着如何逃命。碰到蛇的主动攻击，不要慌张，稳妥的办法是轻轻地拿出东西向一边抛去，或用其他办法在旁边发出动作震动，引诱蛇向一边扑去，这时才可以离开。

（6）严禁捕捉毒蛇玩耍，一些蛇类在走投无路或保卫自己的巢穴时攻击性大增。

（7）在项目部及作业现场材料堆放区、加工区、生活区周围等区域，适当撒一些石灰粉等防毒蛇的药品，以防毒蛇侵入。

（8）清除项目部驻地及材料站周围的杂草，搞好环境卫生，使毒蛇无藏身之地，鼠是毒蛇的食物来源，消灭老鼠也有利于预防毒蛇咬伤。

（9）因为蛇是冷血动物，不能调节体温，夏季室外温度高，往往会在早上或夜间爬到比较阴凉的房间内。所以睡前检查床铺，床下，压好蚊帐，早晨起来检查鞋子，外出时关好房门。

（10）掌握毒蛇的活动规律。由于各种毒蛇活动时间有所不同，蝮蛇、五步蛇、竹叶青，白天晚上都有活动，而闷热天则出来活动较多；五步蛇喜欢下雨时出来活动，掌握了蛇的这些活动，并加以注意，也可以避免毒蛇咬伤。

（11）项目部应配备蛇药、蛇伤解毒片、注射液、蛇药酒及绷带等急救物品，配备应急车辆及应急照明灯具。

17.3.4　现场应急处置

（1）各项目部在组织施工人员进行入场前安全教育培训时，将毒蛇相关内容纳入安全教育培训内容中，让各级管理人员、作业人员对其相关知识、防范措施进行了解、掌握。

（2）被蛇咬伤后，可根据咬伤的牙痕和全身反应来判断是毒蛇还是无毒蛇：凡毒蛇咬伤，有两个毒牙留下的特殊、大的牙痕；无毒蛇咬伤则没有。毒蛇咬伤发病急，局部疼痛明显，伤口麻木或出血不止，迅速肿胀并向上发展，有头昏、眼花、出汗、寒战、胸闷等全身反应；严重者出现呼吸困难、血压下降，甚至昏迷。而无毒蛇咬伤，只是咬伤处刺痛，一般无全身不适。如果一时搞不清是被毒蛇还是无毒蛇咬伤，必须按毒蛇咬伤处理。

（3）一旦被毒蛇咬伤，患者应保持镇静，切勿惊慌、奔跑，以免加速毒液吸收和扩散，立即通知项目部，由项目部联系医生迅速赶到现场进行先期的抢救和治疗，待伤员病情稳定后，将伤员迅速送往医院。

（4）在等待期间现场人员要辅助伤员积极开展自救。

一是绑扎伤肢：立即用止血带或橡胶带、随身所带绳、带等在肢体被咬伤的上方扎紧，结扎紧度以阻断淋巴和静脉回流为准（成人一般将止血带压力保持在 13.3kPa）；绑扎处应留一较长的活的接头，便于解开，每 15~30min 放松 1~2min，避免肢体缺血坏死，急救处理结束后，可以解除。一般不要超过 2h。

二是扩创处理：缠扎止血带后，可在咬伤处挤出毒液，在紧急情况时可用口吸吮（口应无破损，以免吸吮者中毒），再以清水、盐水或酒漱口。重症或肿胀未消退前，做十字形切开后再吸引，以后可将患肢浸在 2% 的盐水中，自上而下用手指不断挤压 20~30min。咬伤后超过 24h，一般不再排毒，如伤口周围肿胀时，上肢者穿刺八邪穴（四个手指指缝之间），下肢者穿刺八风穴（四个足趾缝之间），以排毒毒液，加速退肿。

（5）防蛇药只能起到一定的缓解蛇毒作用，必须及时就医。

（6）捆扎越快越好，如受伤 10min 后再捆扎，就已失去捆扎意义。

（7）注意将伤肢继续置于低位，这样易于毒血排除。

（8）不要堵塞伤口，伤后不能用手按住伤口，要让伤口内的毒血水外流，否则在毒血水不能外流的情况下，蛇毒将会被吸收全部进入体内。伤口若结痂，需挑破结痂，以引毒外流。

（9）伤后一天内禁止用热水洗，以避免血管扩张使蛇毒吸收得更快。

（10）严禁用酒精、酒冲洗伤口，会加剧血液循环；实在没法可用尿液冲洗。

（11）如果因蛇伤引起中毒性休克、呼吸衰竭，要采用心肺复苏术，维持呼吸道通畅，并进行人工呼吸和闭胸心脏按压。

第18章

应 急 响 应

18.1 响应启动

（1）公司应急办公室接到分部和省公司（直属单位）启动本单位突发性灾害应急事件响应上报后，立即会同有关职能部门汇总相关信息，分析研判，提出对事件的定级建议，报公司应急领导小组。

（2）公司应急领导小组研究决定成立公司突发性灾害处置领导小组及其办公室，也可授权区域电网公司指挥处置本区域发生的重大突发性灾害事件。

（3）分部和省公司（直属单位）启动本单位突发性灾害应急事件响应，应立即向公司应急办公室报告。按照本单位预案开展应急处置。公司应急办公室或职能部门跟踪、监督相关分部和省公司做好应急处置工作。

（4）建设管理单位和施工单位根据工程不同阶段、不同季节特征，在响应启动先期开展处置，建设管理单位及时将相关信息汇报省公司。若上级单位启动应急响应时，在省公司（市政府）应急指挥机构的领导下，按其指令启动相应级别的应急响应开展应急处置工作。

18.2　响应行动

18.2.1　公司总部

（1）突发性灾害处置领导小组全面领导协调应急处置工作，启用公司应急指挥中心，必要时向事件发生地派出突发性灾害应急协调工作组和专家组。

（2）突发性灾害处置领导小组办公室启动应急值班，开展信息汇总和报送工作，及时向突发性灾害处置领导小组汇报，与政府有关部门联系沟通，协助开展信息发布工作。必要时请求政府部门支援。

（3）突发性灾害处置领导小组办公室协调各职能部门开展应急处置工作。

（4）各职能部门按照处置原则和本部门职责采取一切必要措施，防止发生人员群伤群亡和因建设工程影响电网设备运行；跨省跨区域调集应急抢险队伍，协调落实应急物资运输保障。

18.2.2　分部和省级公司（直属单位）

成立本单位突发性灾害处置领导小组及突发性灾害应急抢险指挥部，按照本手册处置原则及本单位预案开展应急救援、抢修恢复和新闻发布工作。

18.2.3　建设管理单位和施工单位

建立项目应急工作组，组织应急救援队伍营救受困员工和其他人员，撤离、安置受威胁的人员；主动与政府有关部门联系沟通，通报有关信息、完成相关工作；初步收集受损情况，及时汇总并上报，并组织开展抢险自救工作。

18.3 响应调整

公司突发性灾害处置领导小组或公司相关领导（未成立突发性灾害处置领导小组时）根据事件危害程度、救援恢复能力和社会影响等综合因素，按照事件分级条件，决定是否调整响应级别。响应级别调整后，原响应自动终止，各级单位按新响应级别继续组织应急抢险工作。

第19章

培训和演练

19.1 培训

（1）公司各级人员要加强防灾避险理论知识和技能学习，利用多种形式进行培训，不断提高对突发性灾害的预防处置能力和指挥协调能力。

（2）各分部和省公司（直属单位）要将防灾避险专业培训列入年度培训计划，积极组织开展培训工作。

（3）各建设管理单位和施工单位要根据突发性灾害规律及时开展防灾避险专业培训，要将防灾避险意识和措施宣贯到现场所有参建人员。

19.2 演练

项目应急工作组根据实际情况，每年至少组织一次突发性灾害事件的应急演练，增强个人的避险防护意识、抢险基本技能及应急救援的团队协作意识，使全体作业人员明确"做什么""怎么做""谁来做"。通过演练，不断增强手册的有效性和操作性。